几类 Diophantine 方程问题的可解性

付瑞琴 著

中国石化出版社
·北京·

内 容 提 要

本书主要研究几类具有重要理论价值的 Diophantine 方程问题。全书共分为六章：第 1 章为绪论，系统介绍数论学科的发展概况，着重阐述解析数论与 Diophantine 方程的研究背景及现状，并概括本书的主要研究工作；第 2 章深入探讨五类典型 Diophantine 方程的可解性问题，给出相应的理论分析和求解方法；第 3 章重点研究两类广义 Ramanujan – Nagell 方程的可解性，建立新的理论结果；第 4 章针对若干指数 Diophantine 方程的正整数解问题进行系统研究，提出有效的求解策略；第 5 章创新性地研究两类椭圆曲线的整数点问题，拓展该领域的研究方法；第 6 章通过建立复数形式对数的下界估计，解决一类有不可约二次因式的三项式的系数估计问题，严格证明两类系数界的估计公式。

本书作为 Diophantine 方程理论研究的专著，内容系统深入，论证严谨，既包含了该领域的经典问题，又展现了最新的研究成果。适合高等院校数学专业研究生及相关领域科研人员阅读参考。

图书在版编目(CIP)数据

几类 Diophantine 方程问题的可解性 / 付瑞琴著.
北京：中国石化出版社，2025.7. -- ISBN 978 - 7 - 5114 - 8000 - 2

Ⅰ. O156.7

中国国家版本馆 CIP 数据核字第 20254Z2H18 号

中国石化出版社出版发行

地址：北京市东城区安定门外大街 58 号
邮编：100011 电话：(010)57512500
发行部电话：(010)57512575
http://www.sinopec-press.com
E-mail:press@sinopec.com
北京艾普海德印刷有限公司印刷
全国各地新华书店经销

*

710 毫米×1000 毫米 16 开本 9 印张 172 千字
2025 年 7 月第 1 版 2025 年 7 月第 1 次印刷
定价：78.00 元

前　　言

在数学中，研究数的规律，特别是研究正整数性质的数学分支，叫作数论．数论与几何学一样，是最古老的数学分支．看起来十分简单的数字，却包含着许多有趣而深奥的学问．

数论，又称整数论，是数学的一个分支，主要研究整数的性质和整数之间的关系．数论历史悠久，可以追溯到古希腊时期，是数学中最古老且最具挑战性的领域之一．数论在数学的其他分支，如代数、几何、分析等中都有广泛的应用，同时也在密码学、计算机科学等领域中发挥重要作用．数论可以根据研究方法和问题类型分为十多个分支，如初等数论、解析数论、代数数论、几何数论、计算数论、概率数论、组合数论、丢番图方程（Diophantine Equation）、丢番图逼近（Diophantine Approximation）、丢番图几何（Diophantine Geometry）、数的几何以及算术代数几何等．很多分支已经发展到了相当深刻的程度，以至于研究不同分支的数论同行间也难以相互交流．这些分支有的反映了在解决数论问题时用到的技巧和方法上的不同，有的反映了从不同观点对整数性质的研究．

本书主要研究了几类 Diophantine 方程中占有重要地位的经典问题，包括 D. H. Lehmer 问题、椭圆曲线整数点问题、指数 Diophantine 方程以及其他几类 Diophantine 方程的可解性等特殊情形．即利用解析方法研究了一个特殊的 Gauss 和的均值估计，并讨论了两类椭圆曲线的整数点问题、一类指数 Diophantine 方程组以及三类 Diophantine 方程的可解性问题，得到一些有意义的结果．此外，还研究了解析数论中一类特殊的 Guass 和的均值估计问题，给出一个较强的上界估计；一类有二次不可约因式的三项式问题，并给出了该三项式中两个系数的上界估计．具体来说，本书主要包括以下几个方面的内容．

第 1 章进行数论简介，并介绍 Diophantine 方程与解析数论的背景及主要工作；第 2 章讨论 5 类 Diophantine 方程的可解性问题；第 3 章讨论两类广义 Ramanujan－Nagell 方程的可解性问题；第 4 章研究几类指数 Diophantine 方程及其正整数解的问题；第 5 章研究 2 种不同类型椭圆曲线的整数点问题；第 6 章讨论三项式系数估计问题，给出系数界的估计，并利用解析方法和广义 Kloosterman 和性质研究 Gauss 和的较强上界估计．

本书获得西安石油大学优秀学术著作出版基金资助出版，并获得陕西基础科学研究院第三批陕西数理基础科学研究项目资助，在此表示感谢．

目　　录

第1章

绪　论

1.1　数论简介

1，2，3，…这些看似简单的正整数对人类的影响却至关重要．从日常生活至尖端科学技术都离不开正整数．其他的数字，如负数、有理数、无理数等，都是以正整数为基础定义出来的．所以研究正整数的规律是非常有必要的．在数学中，研究数的规律，特别是研究正整数的性质的数学分支，叫作数论．数论与几何学一样，是最古老的数学分支．看起来十分简单的数字，却包含着许多有趣而深奥的学问．德国著名数学家克罗内克(Kronecker)说过："上帝创造了自然数，其余都是人为．"数论主要是希腊数学的产物，早在公元前6世纪的毕达哥拉斯学派(Pythagorean School)对其就有初步的研究．由于第一次数学危机，古希腊人无法说清无理数是怎么回事，就把研究重心由数论转向几何学．后来，欧几里得(Euclid)在他的伟大著作《几何原本》(共13卷)里，用第7～9卷共3卷专门讲述了有关数论的知识．尤其是在第7卷中，定义11及定义13分别说明了素数与合数．如果说整数是如此基础，那么素数则充满了神秘．素数在数论乃至数学学科中扮演了至关重要的角色，带给每一位智者无法割舍的情结和难以形容的喜悦．命题31说：任何一个合数都可以分解为有限个素数的乘积．换句话说，素数是整数世界的"原子"．第9卷命题20则说：素数有无穷多个．这些命题可以说对初等数论的基本结果作了相当完整的总结，也为数论的发展奠定了坚实的基础.

几百年过去，古典时期结束了.希腊进入了亚历山大时期，以马其顿王国亚历山大大帝(他的老师是亚里土多德)的出现为标志，希腊人才重新开始关注数论.丢番图(Diophantus)，公元250年左右是亚历山大后期最伟大的数学家.数论相关的发展在他手里达到了一个制高点.之后，数论一直缓慢地前行着.直到17世纪，法国的一位律师、杰出的业余数学家费马(Fermat)重新燃起了人们对数论的兴趣，他本人的研究也对数论的相关发展作出了许多杰出的贡献.18世纪中叶，当时世界上最伟大的两位数学家——瑞士的欧拉(Euler)和法国的拉格朗日(Lagrange)都十分钟情于曾被忽略了上千年的数论，他们在数论上的研究成果使数论的地位大幅提高.18世纪末期，一位具有划时代意义的科学天才诞生，改变了德国科学落后于法国的局面，他就是高斯(Gauss).作为一名杰出的物理学家、天文学家以及有史以来最伟大的数学家之一，Gauss一生贡献无数，但他最钟爱的却是年轻时做的第一项科学研究工作——数论.这门让法国人为之骄傲了150多年的学问，现在被一个德国人超过了.Gauss曾充满深情地说："数学是科学的皇后，数论是数学的皇后."他的专著*Disquisitiones Arithemeticae*、素数定理、二元二次型、二次互反律、高斯和等为数论建立完整的理论开辟了前进的方向(参阅参考文献[1]).

在整个19世纪，数论取得了突破性进展.除Gauss外，先后出现Galois、Riemann、Dedekind、Kummer、Jacobi、Chebyshev、Eisenstein、von Mangoldt、Hadamard、Kronecker、Stickelberger、Frobenius、Minkowski、Hermite、Lindemann、Sylvester、Weber、Stickelberger、Frobenius、Minkowski等众多数学家，可谓群星灿烂，他们都不同程度地对数论进行了深入研究.数学家们取得了辉煌的成绩，包括建立了代数数论通过Riemann ζ 函数的研究证明了素数定理，证明了自然对数的底 e 和圆周率 π 的超越性，开创了模函数与模形式的研究领域，以及提出了Kronecker－Weber青春之梦并给予了证明.

处于19世纪和20世纪之交的数学巨人Hibert，其著作*Zahlbericht*对数论的研究及数论发展做出了巨大的贡献.他在数学23问题、类域论猜想与Waring问题的解决等方面引领了数论研究的进一步发展．20 世纪的数论成绩斐然，Hardy、Littlewood、Brun、Schnirelmann、Vinogradov、Linnik、Renyi、Bombieri、华罗庚、陈景润、潘承洞、王元等关于 Goldbach 猜想的研究工作，离光辉的顶峰只有“一步之遥”．Takagi、Artin 和 Hasse 等完成了类域论的构建；Fuchs、Klein、Hecke、Petersson、Rankin、Ramanujan、Siegel 等从 19 世纪末到 20 世纪初完成了模形式、自守形式的理论体系．从 20 世纪 60 年代起，表示论和代数几何被引入了数论，Weil、Selberg、Taniyama、Shimura、Tate、Shafarevich、Birch、Deligne、Mazur、Faltings、Langlands、Maass、Wiles、Gross、Zagier、张寿武等，分别提出且证明了 Weil 猜想、Ramanujan－Peterson 猜想、Mordell 猜想、椭圆曲线 T－S 猜想、椭圆曲线 BSD 猜想(Birch and Swinnerton－Dyer Conjecture)、Langlands 纲领、自首 L 函数特殊值的几何不变量表示式、虚二次数域的 Gauss 类数猜想．Wiles 证明了数学界期待了 350 年的费马大定理．另外，Thue、Siegel、Gelfond、Schneider、Baker、Roth、Mahler、Schmid 等在超越数和代数数的有理逼近领域取得了重大进展，做出了卓越贡献．

21 世纪以来，人们对数论的研究也迎来了新的篇章．Langlands 纲领和算术代数几何百花齐放，Lafforgue 和吴宝珠对 Langlands 纲领作出巨大贡献．陶哲轩等证明了存在任意长的素数算术级数(参阅参考文献[2])．尤其最近华人数学家张益唐在孪生素数猜想的杰出工作将解析数论的研究热情推向新的高峰．

迄今为止，数论已经发展出了十多个分支，如初等数论、概率数论、代数数论、解析数论、丢番图方程(Diophantine Equation)、丢番图逼近(Diophantine Approximation)、丢番图几何(Diophantine Geometry)、数的几何、算术代数几何以及计算数论等．很多分支已经发展到相当深刻的程度，以至于研究不同分支的数论同行间也难以相互交流．这些分支有的反映了在解决数论问题时用到的技巧和方法的不同，有的反映了从不同观点对整数性质的研究．例如，初等数论使用初等方法研究整数的基本性质，如整除性、最大公约数、最小公倍数、素数等，包括一些著名问题和定理，如质数定理、哥德巴赫猜想、费马大定理的初等部分等；解析数论使用解析方法(如微积分、复分析等)研究数论问题，主要研究整数的分布性质，如素数分布、整数分拆等，包括一些重要定理，如素数定理的解析证明、狄利克雷定理等；代数数论结合代数和数论的方法研究代数数域中的整数性质，主要研究代数整数、代数数域的单位群、类群等，包括一些重要的概念和定理，如代数整数、理想、类数公式等；几何数论结合几何和数论的方法研究整数点在几何图形中的分布，主要研究格点问题、闵可夫斯基定理等，在晶体学、编码理论等领域有应用；计算数论研究数论问题的算法和计算方法，主要包括整数分解、模逆元计算、同余方程求解等，在密码学、计算机科学等领域有广泛应用；概率数论是使用概率论方法研究数论问题，主要研究随机整数序列的性质，如随机素数序列的分布等；组合数论是结合组合数学和数论的方法研究整数组合性质，主要研究整数分拆、组合数性质等．这些分类并不是完全独立的，它们之间有很多交叉和联系．数论的魅力在于它的问题往往简单易懂，但解决这些问题可能需要深刻的数学理论和复杂的技巧．

随着人们对数论理论研究的逐渐深入，数论的实际应用也越来越广泛，从电子通信、密码学到近似计算都可以发现数论正起到越来越重要的作用．

1.2　Diophantine 方程的背景及主要工作

Diophantine 方程指解被限制在整数范围内的不定方程，是数论中一个古老而又十分有趣的分支，也是最为活跃的数学研究领域之一．由于早在 3 世纪初，古希腊的数学家丢番图就曾做过研究，也为了与数学其他分支的不定方程区别，将数论中的不定方程称为 Diophantine 方程．

众所周知，Fermat 大定理是 Fermat 于 1637 年左右在丢番图所著《算术》一书的空白处写下的注释，用现在的语言叙述，就是如式(1.2.1)所示的 Diophantine 方程．

$$x^n + y^n = z^n,\ n > 2 \tag{1.2.1}$$

式(1.2.1)没有正整数解．显然，Fermat 大定理是属于 Diophantine 方程的．这个问题困扰了数学家们足有 300 多年，直到 1995 年才由 Wiles 给出第一个证明

(参阅参考文献[3]和[4]). Diophantine 方程按其形式可分为：一次方程、二次方程、高次方程、指数方程以及一些特殊类型的方程，很多基本类型都是历史遗留下来的. 但是由于近代 Diophantine 方程与代数数论、解析数论、代数几何、组合论以及群论等数学分支交叉，也出现了许多新的类型. 就不定方程的研究目的而言，研究者希望尽可能利用一般性的方法来求解某个类型，以期这些方法可以在另外的许多场合得到更多、更好的应用. 有些问题在整数环上解决了，人们还愿意把它放到代数整数环上去研究；有些问题用高深的方法解决了，人们还希望用较为初等的方法去解决. 这样做的目的，无非是想通过这些研究产生新的结构或新的技巧，而构成这种新结构或新技巧的往往可能是新数学分支的萌芽，也可能对科学技术产生某些特殊的应用(参阅参考文献[5]). 正如丢番图几何一样，它是代数几何中曲线上的“点”带限制的部分. 在 Diophantine 方程中，各种形式的不定方程是无穷无尽的. 由于没有一个一般的方法，有些看上去简单的方程，解决起来却相当困难，因此它向人类的智慧提出了挑战. 一般来说，我们只能给出它的求解原则，即综合利用各种初等的和高深的方法，将所求方程转化为若干易于处理的或有熟知结果的方程进行求解. 近几十年来，不仅不定方程理论自身的发展异常活跃，而且它全面应用于数学相关的其他各个领域. 其研究方法与理论成果在代数数域(二次域类数)、组合设计、图论、有限单群甚至编码和密码学等领域均有重要的应用. 而且关于不定方程理论方面的文献之多是数学其他分支所不能比拟的. 同时我们也看到，在不定方程研究中新出现未解决问题的速度远快于解决问题的速度. 虽然英国数学家 Wiles 利用椭圆曲线理论解决了困扰数学界 300 多年的 Fermat 大定理，但是与不定方程密切相关的未解决问题仍有很多，如 ABC 猜想、椭圆曲线 BSD 猜想以及类数为 1 的实二次域的 Gauss 猜想等难题仍激发众多数学界专家和学者的研究热情. 所以，在不定方程理论研究领域内取得任何实质性的进展，必将对数论，甚至整个基础数学的发展起到重要的推动作用.

1.3　解析数论的背景及主要工作

解析数论是以解析的方法作为研究工具的一个数论分支，其起源于自然数列中的素数分布问题和自然数表为特殊形式的项的和的问题．解析数论的基础是由瑞士数学家 Euler 建立的，他巧妙地给出了一个重要的恒等式的证明，即：对实变数 $s>1$，有

$$\prod_{p}\left(1-\frac{1}{p^{s}}\right)^{-1}=\sum_{n=1}^{\infty}\frac{1}{n^{s}} \tag{1.3.1}$$

由于当 $s\to 1$ 时，式(1.3.1)的等号右侧趋向于 $+\infty$，由此 Euler 推出了素数有无限多个．这个恒等式是数论中的重要定理：算术基本定理的解析等价形式，这也是 Euler 恒等式的重要性所在．之后 Euler 又一次利用解析方法来处理关于整数的无限制分拆问题，进而把有关整数的一个性质与一个解析函数的关系式联系起来，证明了整数分拆理论中著名的五角数定理．可能是由于当时复变函数论还没有发展成熟，在这之后 Euler 没有进一步利用解析方法研究数论问题，也没有得到重要的结果．所以通常把 Riemann 于 1859 年发表的著名论文 *Über die Anzahl der Primzahlen unter einer gegebenen Größe*(论不大于一个给定值的素数的个数)视为解析数论开始作为一个数论分支的主要标志．该论文主要研究数论的中心课题之一：素数分布问题．文中引入了后来以其名字命名的复变函数：Riemann ζ 函数，并对该函数做了极为全面和深刻的研究，得到了一系列重要结果．如提出了一个意义深远而且至今尚未解决的猜想：Riemann 猜想，即 $\zeta(s)$ 的所有非显然零点的实部都等于 1/2. Riemann 的这一不朽工作，不但提出了应用复变函数理论来研究数论的一般思想与方法，而且在数论的一个中心问题：素数定理上得到了具体的实现(尽管有时推导是不严格的，但这种不严格在某种意义上是不可避免的)．从这以后，对素数定理的研究就是沿着 Riemann 在这篇论文中提出的思想，方法和结论取得进展的．Riemann 所给出的全部结论后来都得到了严格的证明，并极大地推动了单复变函数论，特别是整函数理论的发展．1920 年前后，新的解析方法，诸如圆法、筛法、指数和方法以及密率理论等，不断被引入用来研究数论问题，取得了初等方法所不能得到的丰硕成果．其中，圆法已经成功地应用于无限制整数分拆问题、华林问题、Goldbach 猜想、平方和问题等一系列著名问题的研究中．迄今为止，解析数论所包含的基础知识只要有 Riemannζ 函数理论、Dirichlet L 函数理论[尤其是函数 $\zeta(s)$ 与 $L(s,\chi)$ 的零点性质]，以及一些与模函

数相关的性质，它所特有的基本方法就有复变积分法、圆法、特征和方法、指数和方法以及筛法等，已经建立起比较完善的理论体系，从而极大地推动了对数论中著名问题的研究．

为解析数论奠定了基础的还有数学家 Dirichlet，他成功地应用解析方法解决了两个著名的问题：(1)首项和公差互素的算术级数中包含无限个素数；(2)二次型的类数公式．可以说，Dirichlet 的这两个历史性工作奠定了解析数论的基础，同时也显示了解析方法强大的生命力．从那以后，解析数论这个数论分支就开始蓬勃地发展起来了．原来利用初等方法不能解决的数论问题就可以转化为研究解析函数的性质，进而得到令人满意的解决方法．而原属于代数数论的二次型类数公式，在此阶段已经显示出了代数方法、解析方法、几何方法相互结合来研究数论问题的趋势(参阅参考文献[6])．

我国著名的数学家华罗庚教授早在 20 世纪 30 年代就从事对许多著名解析数论问题的研究，例如完整的三角和估计、塔利问题、Waring 问题、Gauss 圆内格点问题以及 Waring - Goldbach 问题等，并取得了许多重大成果．华罗庚教授创立的解析数论讨论班也在短短的几年内就培养了闵嗣鹤、陈景润、潘承洞、潘承彪、王元等很多杰出的解析数论专家，这些数学家对解析数论中许多著名的数学问题做了大量的研究工作，并取得了许多在世界上占领先地位的成果，使得解析数论成为我国迄今为止在近代数学中取得的重大进展最突出的数学分支之一．2013 年 5 月，华人数学家张益唐在哈佛大学的报告中首次宣布孪生素数猜想的新成果：存在着无穷多间隔小于 7000 万的素数对，这标志着解析数论这一古老的学科又翻过一页绚烂的篇章，并预示着下一个新纪元的到来．

解析数论自形成以来，始终是数学中十分活跃并且是脚踏实地取得进展的一个数论分支，但也应该看到，绝大多数著名的问题尚未最终解决，现有的结果离猜想还有着很大的距离．从近几十年的发展趋势看，代数、分析、几何、计算机算法等科目的新方法必将被引入，以持续不断地推动解析数论向前发展．

设 $q\geqslant 3$ 是一个正整数，χ 是模 q 的 Dirichlet 特征．对任意的整数 n，Gauss 和

定义为

$$G(n,\chi)=\sum_{a=1}^{q}\chi(a)\mathrm{e}\left(\frac{an}{q}\right) \tag{1.3.2}$$

特别地，当 $n=1$ 时，Gauss 和记为 $\tau(\chi)=\sum_{a=1}^{q}\chi(a)\mathrm{e}\left(\frac{a}{q}\right)$. $\tau(\chi)$ 最重要的性质就是当 χ 是模 q 的原特征时，有

$$\tau(\chi)=\sqrt{q} \tag{1.3.3}$$

如果 χ 是模 q 的非原特征，则 $\tau(\chi)$ 会在一些加权问题中表现出良好的分布性质. 因此研究 $\tau(\chi)$ 的一些混合均值估计问题是有趣并有意义的. 本书的主要目的之一就是在第 6 章 6.2 节中利用解析方法研究数论中著名的 Gauss 和均值问题. 结合著名的 D. H. Lehmer 问题和广义 Kloosterman 和的性质研究了一类特殊的 Gauss 和的估计问题，给出一个较强的上界估计.

第2章

几类Diophantine方程的可解性问题

2.1 关于 Pell 方程组 $x^2-ay^2=1$ 与 $y^2-bz^2=v_1^2$ 的可解性

2.1.1 引言

设 **N** 是所有正整数的集合，a，b 是给定的正整数且均为非平方数．已知 Pell 方程如式(2.1.1)所示．

$$u^2-av^2=1,\quad u,\ v\in\mathbf{N} \tag{2.1.1}$$

式(2.1.1)有解$(u,\ v)$且有唯一解$(u_1,\ v_1)$满足 $u_1+v_1\sqrt{a}\leqslant u+v\sqrt{a}$，其中$(u,\ v)$是式(2.1.1)的任一解，则$(u_1,\ v_1)$被称为式(2.1.1)的最小解．本节主要讨论如式(2.1.2)所示的 Pell 方程组的可解性．

$$x^2-ay^2=1,\ y^2-bz^2=v_1^2,\quad x,\ y,\ z\equiv\mathbf{N} \tag{2.1.2}$$

设 k 为大于 1 的正整数，显然，若 $a=k^2-1$，则方程(2.1.1)的最小解$(u_1,\ v_1)=(k,\ 1)$，并且方程组(2.1.2)可以写为

$$x^2-(k^2-1)y^2=1,\ y^2-bz^2=1,\quad x,\ y,\ z\in\mathbf{N} \tag{2.1.3}$$

对于方程组(2.1.3)，Ai 等证明了如果 $k=5$ 且 b 是奇素数，那么方程组(2.1.3)

只有解$(b, x, y, z)=(11, 49, 10, 3)$. Qu 证明了如果$2\leqslant k\leqslant 4$且$b$是奇素数，那么方程组(2.1.3)只有解$(a, b, x, y, z)=(4, 7, 31, 8, 3)$. Irmak 列出了当$5\leqslant k\leqslant 14$且$b$是奇素数时方程组(2.1.3)的所有解．之后，Keskin 等，Yang 和 Fu 完全确定了b为奇素数时方程组(2.1.3)的可解性，他们证明了如果b是奇素数且方程组(2.1.3)有解(x, y, z)，那么k和b满足

$$4k^2-1=bf^2,\ f\in\mathbf{N} \tag{2.1.4}$$

此外，如果式(2.1.4)成立，那么方程组(2.1.3)只有解$(x, y, z)=(2k^2-1, 2k, f)$. Cipu 表明如果$b$是两个不同的奇素数的乘积，那么方程组(2.1.3)与式(2.1.4)有相同的可解性条件．

另外，有诸多学者研究了当a取某些很小的值且满足$a\neq k^2-1$时，方程组(2.1.2)的可解性(参阅参考文献[10]~[12]，[16]~[23]，[34]~[38]). 应该指出的是，此处$a\neq k^2-1$的条件也可以转化为$a=k^2-1$，这是因为方程(2.1.1)的每个解(u, v)都满足$v_1\mid v$，且对于方程组(2.1.2)的任何解(x, y, z)，$(u, v)=(x, y)$是方程(2.1.1)的解，故有$v_1\mid y$. 因此通过方程组(2.1.2)的第2个方程，可以得到$v_1^2\mid bz^2$. 此外，由于b是非平方数，则$v_1\mid z$. 由于$av_1^2=u_1^2-1$，方程组(2.1.2)可简化为

$$x^2-(u_1^2-1)\left(\frac{y}{v_1}\right)^2=1,\ \left(\frac{y}{v_1}\right)^2-b\left(\frac{z}{v_1}\right)^2=1 \tag{2.1.5}$$

从方程组(2.1.5)中可以看出，方程组(2.1.2)可以简化为方程组(2.1.3). 因此，只需要考虑方程组(2.1.3).

对于任意的正整数n，设

$$u'_n=\frac{\alpha'^n+\overline{\alpha'}^n}{2},\ v'_n=\frac{\alpha'^n-\overline{\alpha'}^n}{2\sqrt{k^2-1}} \tag{2.1.6}$$

式中，α'与$\overline{\alpha'}$如式(2.1.7)所示．

$$\alpha'=k+\sqrt{k^2-1},\ \overline{\alpha'}=k-\sqrt{k^2-1} \tag{2.1.7}$$

那么$(u', v')=(u'_n, v'_n)(n=1, 2, \cdots)$均为如式(2.1.8)所示的 Pell 方程的解.

$$u'^2-(k^2-1)v'^2=1,\quad u', v'\in\mathbf{N} \tag{2.1.8}$$

本节利用 Pell 方程的基本性质和二元四次丢番图方程的一些已有结果，证明了以下结论.

定理 2.1.1　方程组(2.1.3)有解(x, y, z)的一个充要条件是存在一个正整数 r 使得式(2.1.9)成立.

$$v'_{r-1}v'_{r+1} = bf^2,\ r > 1,\ f \in \mathbf{N} \tag{2.1.9}$$

此外，如果式(2.1.9)成立，那么方程组(2.1.3)只有如式(2.1.10)所示的解.

$$(x, y, z) = (u'_r, v'_r, f) \tag{2.1.10}$$

推论 2.1.1　如果方程组(2.1.3)有除了$(k, b, x, y, z) = (5, 2134, 47525, 9701, 210)$之外的另一个解$(x, y, z)$，对于式(2.1.11)有式(2.1.12)成立.

$$\omega(b) \leqslant \begin{cases} 2,\ 2 \nmid b \\ 3,\ 2 \mid b \end{cases} \tag{2.1.11}$$

$$\frac{4}{\delta}k^2 - 1 = \frac{b}{\delta}g^2,\quad g \in \mathbf{N} \tag{2.1.12}$$

式中，δ 如式(2.1.13)所示.

$$\delta = \begin{cases} 1,\ 2 \nmid b \\ 2,\ 2 \mid b \end{cases} \tag{2.1.13}$$

需要注意的是，条件(2.1.11)一般情况下是完美的. 例如$(k, b) = (5, 106711)$，那么$\omega(b) = 3$且方程组(2.1.3)有解$(x, y, z) = (4801, 980, 3)$，但这里的 k 和 b 不满足式(2.1.12).

2.1.2　预备知识

下面简单介绍 Pell 方程的一些基本性质，详细结果见参考文献[31]和[32]. 设 D 为非平方正整数，记(u_1, v_1)是式(2.1.14)的最小解.

$$u^2 - Dv^2 = 1,\quad u, v \in \mathbf{N} \tag{2.1.14}$$

对于任意的正整数 n，有

$$u_n = \frac{\alpha^n + \bar{\alpha}^n}{2},\ v_n = \frac{\alpha^n - \bar{\alpha}^n}{2\sqrt{D}} \tag{2.1.15}$$

式中，α 及 $\overline{\alpha}$ 如式(2.1.16)所示.

$$\alpha = u_1 + v_1\sqrt{D},\ \overline{\alpha} = u_1 - v_1\sqrt{D} \tag{2.1.16}$$

对于任意正整数 l，令$\operatorname{ord}_2(l)$为 l 的因式分解中 2 的阶数.

引理 2.1.1 (1)$(u, v) = (u_n, v_n)$$(n = 1, 2, \cdots)$是方程(2.1.14)的所有解.

(2)$\gcd(u_n, v_n) = 1$.

(3)若$2 \mid n$或$2 \nmid n$但$2 \mid D$，则$2 \nmid u_n$.

(4)若$2 \nmid n$，则$u_1 \mid u_n$.

(5)$v_1 \mid v_n$.

(6)若$2 \mid n$，则$v_n = 2u_{\frac{n}{2}} v_{\frac{n}{2}}$.

(7)$\operatorname{ord}_2\left(\frac{v_n}{v_1}\right) = \operatorname{ord}_2(n) + \operatorname{ord}_2(u_1)$.

(8)对于任意的正整数 n_1 和 n_2，有$\gcd(v_{n_1}, v_{n_2}) = v_{\gcd(n_1, n_2)}$.

设 $\lambda \in \{1, 2\}$，D_1，D_2 为互素的正整数，则$\gcd(\lambda, D_1D_2) = 1$. 如果 $\lambda = 1$，那么当 $D_1 > 1$ 时，$D_1D_2 = D$ 不是一个完全平方数. 如果式(2.1.17)有解(U, V)，那么它有唯一解(U_1, V_1)，使得 $U_1\sqrt{D_1} + V_1\sqrt{D_2} \leqslant U\sqrt{D_1} + V\sqrt{D_2}$，这里$(U, V)$是方程(2.1.17)的所有解，而$(U_1, V_1)$就称为方程(2.1.17)的最小解.

$$D_1U^2 - D_2V^2 = 1,\quad U, V \in \mathbf{N} \tag{2.1.17}$$

对于任何非负整数 m，设

$$U_{2m+1} = \sqrt{\frac{\lambda}{4D_1}}(\beta^{2m+1} + \overline{\beta}^{2m+1}),\ V_{2m+1} = \sqrt{\frac{\lambda}{4D_2}}(\beta^{2m+1} - \overline{\beta}^{2m+1}) \tag{2.1.18}$$

式中，β 和 $\overline{\beta}$ 如式(2.1.19)所示.

$$\beta = \frac{1}{\sqrt{\lambda}}(U_1\sqrt{D_1} + V_1\sqrt{D_2}),\ \overline{\beta} = \frac{1}{\sqrt{\lambda}}(U_1\sqrt{D_1} - V_1\sqrt{D_2}) \tag{2.1.19}$$

引理 2.1.2 (1)$(U, V) = (U_{2m+1}, V_{2m+1})$$(m = 0, 1, \cdots)$是方程(2.1.17)的所有解.

(2)$\gcd(U_{2m+1}, V_{2m+1}) = 1$.

(3) $U_1 \mid U_{2m+1}$, $V_1 \mid V_{2m+1}$.

(4) $2 \nmid \frac{U_{2m+1}}{U_1}$, $2 \nmid \frac{V_{2m+1}}{V_1}$.

(5) $\alpha = \beta^2$, $\bar{\alpha} = \bar{\beta}^2$.

(6) 若 $2 \nmid n$，则 $v_n = U_n V_n$.

下面 7 个引理介绍一些有关二元四次丢番图方程的已知结果.

引理 2.1.3　方程(2.1.20)有解(X, Y)当且仅当 u_1 或 v_1 是一个完全平方数.

$$X^4 - DY^2 = 1, \quad X, Y \in \mathbf{N} \tag{2.1.20}$$

引理 2.1.4　如果 $D = 2^{2s} \times 1785$，$s \in \{0, 1, 2\}$，那么方程(2.1.20)仅有两个解$(X, Y) = (13, 2^{2-s})$，$(239, 2^{2-s} \times 338)$. 除此之外，方程(2.1.20)最多只有一个解$(X, Y)$.

引理 2.1.5　如果 $D_1 > 1$，那么方程(2.1.21)最多有两个解(X, Y).

$$D_1 X^4 - D_2 Y^2 = 1, \quad X, Y \in \mathbf{N} \tag{2.1.21}$$

引理 2.1.6　若 $D_1 > 1$ 且 D_1 是一个完全平方数，则方程(2.1.21)最多有一个解(X, Y).

引理 2.1.7　若 $D_1 > 1$，则方程(2.1.22)最多有一个解(X, Y).

$$D_1 X^2 - D_2 Y^4 = 1, \quad X, Y \in \mathbf{N} \tag{2.1.22}$$

引理 2.1.8　若 $D_1 > 1$，则方程(2.1.23)最多有一个解(X, Y).

$$D_1 X^4 - D_2 Y^2 = 2, \quad X, Y \in \mathbf{N} \tag{2.1.23}$$

引理 2.1.9　如果 $D_1 > 1$，方程(2.1.24)有解(X, Y)，那么 V_1 是一个完全平方数.

$$D_1 X^2 - D_2 Y^4 = 2, \quad X, Y \in \mathbf{N} \tag{2.1.24}$$

此外，如果 V_1 和 V_3 都是完全平方数，那么方程(2.1.24)恰好有两个解$(X, Y) = (U_1, \sqrt{V_1})$，$(U_3, \sqrt{V_3})$，否则方程(2.1.24)只有解$(X, Y) = (U_1, \sqrt{V_1})$.

设 u_n'、v_n' 在式(2.1.6)和式(2.1.7)中已定义. 因为 $k^2 - 1$ 不是一个完全平方

数，且$(u_1', v_1')=(1, 1)$是方程(2.1.8)的一个最小解，由引理2.1.1的(1)可知，$(u', v')=(u_n', v_n')(n=1, 2, \cdots)$是方程(2.1.8)的所有解．设

$$\lambda'=\begin{cases}1, & 2\nmid k\\ 2, & 2\mid k\end{cases} \tag{2.1.25}$$

对于任意的非负整数m，有

$$U_{2m+1}'=\frac{\beta'^{2m+1}+\overline{\beta}'^{2m+1}}{\beta+\overline{\beta}},\ V_{2m+1}'=\frac{\beta'^{2m+1}-\overline{\beta}'^{2m+1}}{\beta-\overline{\beta}} \tag{2.1.26}$$

式中，β'和$\overline{\beta}'$如式(2.1.27)所示．

$$\beta'=\frac{1}{\sqrt{\lambda'}}(\sqrt{k+1}+\sqrt{k-1}),\ \overline{\beta}'=\frac{1}{\sqrt{\lambda'}}(\sqrt{k+1}-\sqrt{k-1}) \tag{2.1.27}$$

这里$k>1$，$\gcd\left(\frac{k+1}{\lambda'}, \frac{k-1}{\lambda'}\right)=1$，方程(2.1.28)有解$(U', V')$和最小解$(U_1', V_1')=(1, 1)$．

$$\left(\frac{k+1}{\lambda'}\right)U'^2-\left(\frac{k-1}{\lambda'}\right)V'^2=\frac{2}{\lambda'},\qquad U', V'\in\mathbf{N} \tag{2.1.28}$$

由引理2.1.2的(1)可知，$(U', V')=(U_{2m+1}', V_{2m+1}')(m=0, 1, 2, \cdots)$是方程(2.1.28)的所有解．

对于任意一个正整数l，设$S(l)$表示l的非平方部分，有$\theta(l)=\omega[S(l)]$．显然，$\theta(l)=0$当且仅当l是一个完全平方数．对于任意互素的两个正整数l_1和l_2，$\theta(l_1l_2)=\theta(l_1)+\theta(l_2)$．

设$h_i(i=1, 2, \cdots)$表示正整数，由引理2.1.3～引理2.1.9可得引理2.1.10、引理2.1.11，这两个引理将在后面的证明中反复使用．

引理2.1.10 对于任意的正整数n，有以下两条成立．

(1)如果$n=1$且$k=h_1^2$或$n=2$且$2k^2-1=h_2^2$，那么$\theta(u_n')=0$；否则$\theta(u_n')\geqslant 1$．

(2)如果$2\nmid n$且$n>1$，那么$\theta\left(\frac{u_n'}{k}\right)\geqslant 1$．

证明 由方程(2.1.8)可知，$\theta(u_n')=0$当且仅当u_n'是一个完全平方数且$(X, Y)=(\sqrt{u_n'}, v_n')$是方程(2.1.29)的一个解．

$$X^4-(k^2-1)Y^2=1,\quad X,\ Y\in\mathbf{N}\tag{2.1.29}$$

因此，由 $k^2-1\neq 2^{2s}\times 1785$，其中 $s\in\{0,\ 1,\ 2\}$，引理 2.1.3 和引理 2.1.4 可证明引理 2.1.10 的(1).

由于 $u_1'=k$，由引理 2.1.1 的(4)可知，若 $2\nmid n$，则 $k\mid u_n'$. 因此，由方程(2.1.8)可得

$$k^2\left(\frac{u_n'}{k}\right)^2-(k^2-1)v_n'^2=1,\quad 2\nmid n\tag{2.1.30}$$

因为 $k>1$，由引理 2.1.6 可知，方程(2.1.31)仅有解$(X,\ Y)=(1,\ 1)$.

$$k^2X^4-(k^2-1)Y^2=1,\quad X,\ Y\in\mathbf{N}\tag{2.1.31}$$

那么从方程(2.1.30)可以看出 $\theta\left(\frac{u_n'}{k}\right)=0$ 当且仅当 $n=1$，从而证明了引理 2.1.10 的(2)成立.

引理 2.1.11　对于任意的正整数 m，有如下几条.

(1) 如果 $2\nmid k$，那么至多存在一个值 m 使得 $\theta(U'_{2m+1})=0$，否则 $\theta(U'_{2m+1})\geqslant 1$.

(2) 如果 $2\nmid k$，那么 $\theta(V'_{2m+1})\geqslant 1$.

(3) 如果 $2\nmid k$，那么 $\theta(U'_{2m+1})\geqslant 1$.

(4) 如果 $2\nmid k$，那么当 $m=1$，$2k+1=h_3^2$ 时，$\theta(V'_{2m+1})=0$；否则，$\theta(V'_{2m+1})\geqslant 1$.

(5) $\theta(U'_{2m+1})+\theta(V'_{2m+1})\geqslant 1$.

证明　由引理 2.1.2 的(1)可知，如果 $2\nmid k$，那么有

$$\left(\frac{k+1}{2}\right)U'^2_{2m+1}-\left(\frac{k-1}{2}\right)V'^2_{2m+1}=1,\quad m=0,\ 1,\ \cdots\tag{2.1.32}$$

因为 $k>1$，由引理 2.1.5，引理 2.1.7 和方程(2.1.32)可知，引理 2.1.11 的(1)和(2)成立. 类似地，由引理 2.1.8 和引理 2.1.9 可知，若 $2\mid k$，则引理 2.1.11 的(3)和(4)成立. 此外，综合上述结果可以得到引理 2.1.11 的(5).

引理 2.1.12　方程(2.1.3)最多有一个解$(x,\ y,\ z)$.

引理 2.1.13　方程组(2.1.33)仅有解$(X,\ Y,\ Z)=(1,\ 1,\ 1)$，$(7,\ 5,\ 3)$.

$$X^2-2Y^2=-1,\ 2Y=Z^2+1,\quad X,\ Y,\ Z\in\mathbf{N} \tag{2.1.33}$$

2.1.3 定理 2.1.1 的证明

对于任意整数 $r(r>1)$，由式(2.1.6)和式(2.1.7)即可得 $\alpha'\overline{\alpha}'=1$，$\alpha'-\overline{\alpha}'=2\sqrt{k^2-1}$和式(2.1.34).

$$v_r'^2-1=\left(\frac{\alpha'^r-\overline{\alpha}'^r}{\alpha'-\overline{\alpha}'}\right)^2-(\alpha'\overline{\alpha}')^{r-1}=\left(\frac{\alpha'^{r-1}-\overline{\alpha}'^{r-1}}{\alpha'-\overline{\alpha}'}\right)\left(\frac{\alpha'^{r+1}-\overline{\alpha}'^{r+1}}{\alpha'-\overline{\alpha}'}\right)=v'_{r-1}v'_{r+1} \tag{2.1.34}$$

如果方程组(2.1.3)有解(x, y, z)，那么由方程组(2.1.3)的第 1 个方程可知，$(u', v')=(x, y)$是方程(2.1.8)的解，故$(x, y)=(u'_r, v'_r)$，其中 r 是正整数. 而由方程组(2.1.3)的第 2 个方程知 $y>1$，这表明 $r>1$. 因此，由式(2.1.30)可得方程组(2.1.3)的第 2 个方程 $bz^2=y^2-1=v'_r-1=v'_{r-1}v'_{r+1}$，从而得到式(2.1.9)和等式(2.1.10).

另外，由式(2.1.34)知，如果式(2.1.9)成立，那么

$$v_r'^2-1=bf^2 \tag{2.1.35}$$

因为$(u', v')=(u'_r, v'_r)$是式(2.1.8)的解，故

$$u_r'^2-(k^2-1)v_r'^2=1 \tag{2.1.36}$$

因此，由式(2.1.35)和式(2.1.36)可得方程组(2.1.3)的解(2.1.10)，再由引理 2.1.12 知，这个解是唯一的. 定理 2.1.1 证明完成.

2.1.4 推论 2.1.1 的证明

根据定理 2.1.1，如果方程组(2.1.3)有解(x, y, z)，那么存在一个正整数 r 满足方程(2.1.9). 因为 b 是非平方数，根据引理 2.1.1 的(8)，从方程(2.1.9)中可得

$$\omega(b)=\theta(bf^2)=\theta(v'_{r-1}v'_{r+1})=\theta\left(\frac{v'_{r-1}}{d}\cdot\frac{v'_{r+1}}{d}\right)=\theta\left(\frac{v'_{r-1}}{d}\right)+\theta\left(\frac{v'_{r+1}}{d}\right) \tag{2.1.37}$$

式中，d 的表达式如式(2.1.38)所示.

$$d=\gcd(v'_{r-1},\ v'_{r+1})=\begin{cases}v'_1=1, & 2\mid r\\ v'_2=2k, & 2\nmid r\end{cases} \tag{2.1.38}$$

当$2\nmid r$时，设$\zeta=(-1)^{\frac{r-1}{2}}$，根据引理2.1.1的(6)和(7)以及式(2.1.9)可得若$2\nmid b$，则满足式(2.1.39)；或者若$2\mid b$，则满足式(2.1.40).

$$2\mid r\ 或\ 2\nmid r\ 且\ \mathrm{ord}_2(r-\zeta)\equiv 1(\mathrm{mod}2) \tag{2.1.39}$$

$$2\nmid r\ 且\ \mathrm{ord}_2(r-\zeta)\equiv 0(\mathrm{mod}2) \tag{2.1.40}$$

首先考虑$2\nmid b$，$2\mid r$和$r>2$的情况，由式(2.1.37)和式(2.1.38)可得$d=1$和式(2.1.41).

$$\omega(b)=\theta(v'_{r-1})+\theta(v'_{r+1}) \tag{2.1.41}$$

由引理2.1.2的(2)和(4)可知，$v'_{r-1}=U'_{r-1}V'_{r-1}$，$v'_{r+1}=U'_{r+1}V'_{r-1}$和$\gcd(U'_{r-1},V'_{r-1})=\gcd(U'_{r+1},V'_{r+1})=1$. 因此，由式(2.1.41)可得

$$\omega(b)=\theta(U'_{r-1})+\theta(V'_{r-1})+\theta(U'_{r+1})+\theta(V'_{r+1}) \tag{2.1.42}$$

当$2\nmid k$时，$r\geqslant 4$，由引理2.1.11的(1)和(2)可知，$\theta(U'_{r-1})+\theta(U'_{r+1})\geqslant 1$，$\theta(V'_{r-1})\geqslant 1$和$\theta(V'_{r+1})\geqslant 1$. 因此，由式(2.1.42)可得

$$\omega(b)\geqslant 3 \tag{2.1.43}$$

当$2\mid k$时，由引理2.1.11的(3)和(4)可知

$$\theta(U'_{r-1})\geqslant 1,\ \theta(U'_{r+1})\geqslant 1 \tag{2.1.44}$$

$$\theta(V'_{r-1})+\theta(V'_{r+1})\geqslant 1 \tag{2.1.45}$$

因此，式(2.1.42)和式(2.1.43)成立.

下面考虑$2\nmid b$和$2\nmid r$的情况. 由式(2.1.39)有$\mathrm{ord}_2(r-\zeta)\equiv 1(\mathrm{mod}2)$. 由$r-\zeta\equiv 0(\mathrm{mod}4)$可得

$$r-\zeta=2^{2s+1}t,\quad 2\nmid t,\ s,\ t\in\mathbf{N} \tag{2.1.46}$$

由此得到$r\geqslant 7$，由式(2.1.37)和式(2.1.38)可知$d=2k$和式(2.1.47).

$$\omega(b)=\theta\left(\frac{v'_{r-1}}{2k}\right)+\theta\left(\frac{v'_{r+1}}{2k}\right)=\theta\left(\frac{v'_{r-\zeta}}{2k}\right)+\theta\left(\frac{v'_{r+\zeta}}{2k}\right) \tag{2.1.47}$$

由引理2.1.1的(4)和(6)，可从式(2.1.46)得到

$$\frac{v'_{r-\zeta}}{2k}=2^{2s}\left(\frac{u'_r}{k}\right)v'_t\prod_{i=1}^{2s}u'_{2^it} \tag{2.1.48}$$

此外，由引理 2.1.1 的(2)、(3)和(4)可知，正整数 2^{2s}、$\frac{u'_t}{k}$、v'_t和 $u'_{2^it}(i=1,\cdots,2s)$互素．因此，由式(2.1.48)可得

$$\theta\left(\frac{v'_{r-\zeta}}{2k}\right)=\theta\left(\frac{u'_t}{k}\right)+\theta(v'_t)+\sum_{i=1}^{2s}\theta(u'_{2^it}) \tag{2.1.49}$$

此外，由引理 2.1.10 的(1)可知，$\theta(u'_{2^{2s}t})\geqslant 1$，再由式(2.1.49)可得

$$\theta\left(\frac{v'_{r-\zeta}}{2k}\right)\geqslant 1 \tag{2.1.50}$$

因为 $r+\zeta\equiv 2(\bmod 4)$，由引理 2.1.2 的(6)可得

$$\frac{v'_{r+\zeta}}{2k}=\left(\frac{u'_{\frac{r+\zeta}{2}}}{k}\right)v'_{\frac{r+\zeta}{2}}=\left(\frac{u'_{\frac{r+\zeta}{2}}}{k}\right)U'_{\frac{r+\zeta}{2}}V'_{\frac{r+\zeta}{2}} \tag{2.1.51}$$

$$\theta\left(\frac{v'_{r+\zeta}}{2k}\right)=\theta\left(\frac{u'_{\frac{r+\zeta}{2}}}{k}\right)+\theta(U'_{\frac{r+\zeta}{2}})+\theta(V'_{\frac{r+\zeta}{2}}) \tag{2.1.52}$$

而 $r\geqslant 7$，那么$\frac{r+\zeta}{2}\geqslant 3$. 因此，由引理 2.1.10 的(2)和引理 2.1.11 的(5)可知，$\theta\left(\frac{u'_{\frac{r+\zeta}{2}}}{k}\right)\geqslant 1$ 和 $\theta(U'_{\frac{r+\zeta}{2}})+\theta(V'_{\frac{r+\zeta}{2}})\geqslant 1$. 再由式(2.1.52)可得

$$\theta\left(\frac{v'_{r+\zeta}}{2k}\right)\geqslant 2 \tag{2.1.53}$$

此外，根据式(2.1.47)，式(2.1.50)和式(2.1.53)可得式(2.1.43)是成立的．

上述分析表明，若 $2\nmid b$ 且 $\omega(b)\leqslant 2$，则式(2.1.9)中 $r=2$. 因此，由式(2.1.6)和式(2.1.7)可得

$$v'_{r-1}v'_{r+1}=v'_3=4k^2-1=bf^2,\quad f\in\mathbf{N} \tag{2.1.54}$$

最后，考虑 $2\mid b$ 的情形．由式(2.1.40)可知，$2\nmid r$ 且$\mathrm{ord}_2(r-\zeta)\equiv 0(\bmod 2)$，故有

$$r-\zeta=2^{2s}t,\quad 2\nmid t,\quad s,\ t\in\mathbf{N} \tag{2.1.55}$$

由于 $2\nmid t$，则式(2.1.47)和式(2.1.52)成立．再由式(2.1.55)可得

$$\frac{v'_{r-\zeta}}{2k}=2^{2s-1}\left(\frac{u'_t}{k}\right)U'_tV'_t\prod_{i=1}^{2s-1}u'_{2^it} \tag{2.1.56}$$

$$\theta\left(\frac{v'_{r-\zeta}}{2k}\right)=1+\theta\left(\frac{u'_t}{k}\right)+\theta(U'_t)+\theta(V'_t)+\sum_{i=1}^{2s-1}\theta(u'_{2i_t}) \tag{2.1.57}$$

当 $t>1$ 时，由引理2.1.10和引理2.1.11可得 $\theta\left(\frac{u'_t}{k}\right)\geqslant 1$，$\theta(U'_t)+\theta(V'_t)\geqslant 1$ 和 $\theta(u'_{2^{2s-1}t})\geqslant 1$. 因此，由式(2.1.47)和式(2.1.57)可得

$$\omega(b)\geqslant 4 \tag{2.1.58}$$

当 $s\geqslant 2$ 时，因为 $\theta(u'_{2i_t})\geqslant 1(i=2,\cdots,2s-1)$，由式(2.1.57)可得

$$\theta\left(\frac{v'_{r-\zeta}}{2k}\right)\geqslant 3 \tag{2.1.59}$$

另一方面，由式(2.1.52)可知 $\theta\left(\frac{v'_{r+\zeta}}{2k}\right)\geqslant 1$. 因此，由式(2.1.47)和式(2.1.59)可得，式(2.1.58)成立.

当 $r=5$ 时，由式(2.1.37)可得

$$\omega(b)=\theta\left(\frac{v'_4}{2k}\right)+\theta\left(\frac{v'_6}{2k}\right)=\theta(2u'_2)+\theta\left(\frac{u'_3}{k}U'_3V'_3\right)= 1+\theta(u'_2)+\theta\left(\frac{u'_3}{k}\right)+\theta(U'_3)+\theta(V'_3) \tag{2.1.60}$$

$$\theta(u'_2)\begin{cases}=0, & 2\nmid k,\ 2k^2-1=h_2^2\\ \geqslant 1, & 其他\end{cases} \tag{2.1.61}$$

$$\theta\left(\frac{u'_3}{k}\right)\geqslant 1 \tag{2.1.62}$$

$$\theta(U'_3)\begin{cases}=0, & 2\nmid k,\ 2k^2-1=h_4^2\\ \geqslant 1, & 其他\end{cases} \tag{2.1.63}$$

$$\theta(V'_3)\begin{cases}=0, & 2\mid k,\ 2k+1=h_3^2\\ \geqslant 1, & 其他\end{cases} \tag{2.1.64}$$

由式(2.1.60)和式(2.1.61)~式(2.1.64)可知式(2.1.58)成立，除去 k 满足 $2\nmid k$ 和式(2.1.65)的情况.

$$2k^2-1=h_2^2,\ 2k-1=h_4^4 \tag{2.1.65}$$

此外，由于 $k>1$，由引理2.1.13可知，只有 $k=5$ 时满足式(2.1.65). 由

式(2.1.9)和式(2.1.10)可得$(k, b, x, y, z)=(5, 2134, 47525, 9701, 210)$. 由式(2.1.55)可知，若$s=t=1$且$r\neq 5$，则$r=3$. 因为$\omega(2134)=3$，根据上述分析，如果$2\mid b$且$\omega(b)\leqslant 3$，那么由式(2.1.9)可得

$$v_2'v_4'=2u_2'v_2'^2=2(2k^2-1)v_2'^2=bf^2 \tag{2.1.66}$$

在这里，$(k, b, x, y, z)=(5, 2134, 47525, 9701, 210)$除外. 因此由式(2.1.54)和式(2.1.66)可得式(2.1.12)和式(2.1.13). 推论 2.1.1 证明完毕.

2.2 关于 Lucas 序列中的渐进平方数

2.2.1 引言及结论

设$\mathbf{N}$是所有正整数的集合. 令$\alpha>1$为一个固定的正整数，并设

$$\alpha=\alpha+\sqrt{\alpha^2-1},\ \overline{\alpha}=\alpha-\sqrt{\alpha^2-1} \tag{2.2.1}$$

对任意的非负整数n，设

$$v_n=\frac{\alpha^n-\overline{\alpha}^n}{\alpha-\overline{\alpha}} \tag{2.2.2}$$

那么$\{v_n\}_{n=0}^{\infty}$即为经典的 Lucas 序列. 设c是一个定的正整数. Walsh 在参考文献[46]中研究了当c为偶数时方程(2.2.3)的性质.

$$v_k=cs^2+\lambda,\quad \lambda\in\{\pm 1\},\ k,\ s\in\mathbf{N} \tag{2.2.3}$$

Walsh 利用一些四次 Diophantine 方程的结论及初等数论方法，彻底地解决了当$c=1$时方程(2.2.3)的所有正整数解(k, s). 即证明了定理 2.2.1.

定理 2.2.1 设b是一个正整数，如果$c=1$，那么方程(2.2.3)的所有正整数解(k, s)形式如下.

(1)$\lambda=1$，$a=2b^2+2b+1$，$(k, s)=(2, 2b+1)$.

(2)$\lambda=-1$，$a=2b^2+2b$，$(k, s)=(2, 2b+1)$.

(3)$\lambda=-1$，$(k, s)=(3, 2a)$.

定理 2.2.1 的证明方法也可以用来给出c为任意奇数时方程(2.2.3)的解.

此外，由定理 2. 2. 1 可立即得出 Bennett 一个公开问题的解答(参考文献[47]). 1997 年，Bennett 在参考文献[47]中的问题 D23 中提出，方程(2. 2. 4)的解除式(2. 2. 5)和式(2. 2. 6)之外，是否还存在其他形式的正整数解(x, y, z).

$$\frac{x^2-1}{y^2-1}=(z^2-1)^2,\quad x, y, z\in\mathbf{N}, \min x, y, z>1 \tag{2.2.4}$$

$$(x, y, z)=(4t^2-3t, t, 2t),\quad t\in\mathbf{N}, t>1 \tag{2.2.5}$$

$$(x, y, z)=(8t^2+16t^3+8t^2-1, 2t^2+2t, 2t+1), t\in\mathbf{N}, t>1 \tag{2.2.6}$$

由定理的结论即可得到推论 2. 2. 1.

推论 2. 2. 1　方程(2. 2. 4)的全部的正整数解(x, y, z)仅由式(2. 2. 5)和式(2. 2. 6)确定.

2. 2. 2　几个引理

本节首先介绍有关 Pell 方程的以下性质.

引理 2. 2. 1　设 D 是非平方数的任意正整数. 如果方程(2. 2. 7)有解(u, v)，那么该方程有唯一解(u_1, v_1)适合 $u_1\leqslant v_1$，这里的 v 通过方程(2. 2. 7)的所有解(u, v).

$$u^2-Dv^2=1,\quad u, v\in\mathbf{N} \tag{2.2.7}$$

如此的(u_1, v_1)称为方程(2. 2. 7)的最小解. 对于任意的非负整数 n，设

$$u_n+v_n\sqrt{D}=(u_1+v_1\sqrt{D})^n \tag{2.2.8}$$

于是有如下结论.

(1) $(u, v)=(u_n, v_n)$ $(n=1, 2, \cdots)$ 是方程(2. 2. 7)的所有解.

(2) 如果 $2\mid n$，那么 $2\nmid u_n$ 且 $2u_1v_1\mid v_n$.

(3) 如果 $2\nmid n$，那么 $u_1\mid u_n$，$u_1\mid u$，$\frac{u_n}{u_1}$，$\frac{v_n}{v_1}$都是奇数.

(4) 对任意的正整数 n 有.

$$\gcd(u_n, v_{n+1})=\begin{cases}1, & 2\mid a\\ u_1, & 2\nmid a\end{cases} \tag{2.2.9}$$

证明　可参阅参考文献[48].

引理 2.2.2 设 D_1 与 D_2 是两个互素的正整数. 令 $\delta \in \{1, 2\}$ 且当 $\delta = 1$ 时 $D_1 > 1$. 如果方程(2.2.10)有解(U, V), 那么该方程就只有解(U_1, V_1)满足 $V_1 \leqslant V$, 这里的 V 通过方程(2.2.10)所有解(U, V).

$$D_1U^2 - D_2V^2 = \delta, \quad U, V \in \mathbf{N}, \gcd(D_1U^2, D_2V^2) = 1 \tag{2.2.10}$$

这样的(U_1, V_1)称为方程(2.2.10)的最小解. 对于任意的非负整数 m, 设

$$\frac{U_{2m+1}\sqrt{D_1} + U_{2m+1}\sqrt{D_2}}{\sqrt{\delta}} = \left(\frac{U_1\ \sqrt{D_1} + U_1\ \sqrt{D_2}}{\sqrt{\delta}}\right)^{2m+1} \tag{2.2.11}$$

那么可得如下结论.

(1)$(U, V) = (U_{2m+1}, V_{2m+1})(m = 0, 1, \cdots)$是方程(2.2.10)的所有解.

(2)$\left(\frac{U_1\ \sqrt{D_1} + U_1\ \sqrt{D_2}}{\sqrt{\delta}}\right)^2 = u_1 + v_1\sqrt{D}$, 其中$(u_1, v_1)$是 $D = \frac{4D_1D_2}{\delta^2}$时方程(2.2.10)的最小解. 如果 $2 \mid n$, 那么 $2 \nmid u_n$ 且 $2u_1v_1 \mid v_n$.

(3)如果 $\gcd(U_{2m+1}, V_{2m+3}) = \gcd(U_{2m+3}, V_{2m+1}) = 1$.

证明 可参阅参考文献[48].

设

$$d = a^2 - 1, \ d_1 = \begin{cases} a+1 \\ \dfrac{a+1}{2} \end{cases}, \ d_2 = \begin{cases} a-1 \\ \dfrac{a-1}{2} \end{cases}, \ \delta = \begin{cases} 2, & 2 \mid a \\ 1, & 2 \nmid a \end{cases} \tag{2.2.12}$$

$$\beta = \frac{\sqrt{d_1} + \sqrt{d_2}}{\sqrt{\delta}}, \ \overline{\beta} = \frac{\sqrt{d_1} - \sqrt{d_2}}{\sqrt{\delta}} \tag{2.2.13}$$

对任意的非负整数 n, m, 令

$$u_n = \frac{1}{2}(\alpha^n + \overline{\alpha}^n), \ v_n = \frac{\alpha^n - \overline{\alpha}^n}{\alpha - \overline{\alpha}} \tag{2.2.14}$$

$$u_{2m+1} = \frac{\beta^{2m+1} + \overline{\beta}^{2m+1}}{\beta + \overline{\beta}}, \ v_{2m+1} = \frac{\beta^{2m+1} - \overline{\beta}^{2m+1}}{\beta - \overline{\beta}} \tag{2.2.15}$$

根据引理 2.2.1 和引理 2.2.2, 即可得出引理 2.2.3.

引理 2.2.3 (1)$\alpha = \beta^2$, $\overline{\alpha} = \overline{\beta}^2$.

(2)方程(2.2.16)和方程(2.2.17)的最小正整数解分别是$(u_1, v_1) = (a, 1)$

和$(U_1, V_1)=(1, 1)$.

$$u^2-dv^2=1,\quad u, v\in\mathbf{N}\tag{2.2.16}$$

$$d_1U^2-d_2V^2=\delta,\quad U, V\in\mathbf{N}, \gcd(D_1U^2, D_2V^2)=1\tag{2.2.17}$$

(3) $(u, v)=(u_n, v_n)(n=1, 2, \cdots)$和$(U, V)=(u_{2m+1}, v_{2m+1})(m=0, 1, 2, \cdots)$分别是方程(2.2.16)和方程(2.2.17)的所有正整数解.

下面介绍一些四次 Diophantine 方程的结论.

引理 2.2.4　方程(2.2.18)至多有两个正整数解(X, Y).

$$X^2-Dv^2=1,\quad X, Y\in\mathbf{N}\tag{2.2.18}$$

如果方程(2.2.18)恰有两个解$(X, Y)=(X_1, Y_1)$和(X_2, Y_2)满足$Y_1<Y_2$，那么有$(X_1, Y_1)=(u_1, \sqrt{v_1})$和$(X_2, Y_2)=(u_2, \sqrt{v_2})$成立，或者有$(X_1, Y_1)=(u_1, \sqrt{v_1})$和$(X_2, Y_2)=(u_4, \sqrt{v_4})$成立，其中$(u_1, v_1)$是方程(2.2.7)的最小正整数解，$(u_2, v_2)$和$(u_4, v_4)$由方程(2.2.8)定义.

证明　可参阅参考文献[49].

引理 2.2.5　如果$D_1>1$，那么方程(2.2.19)至多只有一个正整数解(X, Y).

$$D_1X^2-D_2Y^4=1,\quad X, Y\in\mathbf{N}\tag{2.2.19}$$

证明　由参考文献[50]可知，当D_1是非平方数时引理 2.2.5 结论成立．因为$D_1>1$，如果D_1是一个平方数，设$D_1=r^2$，其中r是满足$r>1$的正整数．显然，如果(X, Y)是方程(2.2.19)的一个解，那么方程(2.2.20)有解$(X', Y')=(rX, Y)$.

$$X'^2-D_2Y'^4=1,\quad X', Y'\in\mathbf{N}\tag{2.2.20}$$

因此，如果方程(2.2.19)有两个解$(X, Y)=(X_1, Y_1)$和(X_2, Y_2)满足$Y_1<Y_2$，那么方程(2.2.20)也有两个解$(X', Y')=(X_1', Y_1')$和(X_2', Y_2')满足$Y_1'<Y_2'$和$\gcd(X_1', X_2')\geqslant r>1$. 但是，由引理 2.2.4 可知$X_2'=2X_1'^2-1$成立，或者$X_2'=8X_1'^4-8X_1'^2+1$成立，所以就有$\gcd(X_1', X_2')=1$，矛盾．因此，方程(2.2.19)至多只有一个解．引理 2.2.5 得证．

引理 2.2.6　如果D_1是一个平方数且满足$D_1>1$，那么方程(2.2.21)至多只有一个正整数解(X, Y).

$$D_1X^4-D_2Y^2=1,\quad X,\ Y\in\mathbf{N} \tag{2.2.21}$$

证明 可参阅参考文献[9].

引理 2.2.7 如果 D_1 和 D_2 都是奇数，那么方程(2.2.22)至多只有两个正整数解$(X,\ Y)$.

$$D_1X^2-D_2Y^4=2,\quad X,\ Y\in\mathbf{N} \tag{2.2.22}$$

如果方程(2.2.22)恰有两个正整数解$(X,\ Y)=(X_1,\ Y_1)$和$(X_2,\ Y_2)$满足$Y_1<Y_2$，那么可得$(X_1,\ Y_1)=(U_1,\ V_1)$和$(X_2,\ Y_2)=(U_3,\ V_3)$，其中$(U_1,\ V_1)$是方程(2.2.10)的最小正整数解，$(U_3,\ V_3)$由式(2.2.11)定义.

证明 可参阅参考文献[51].

2.2.3 定理 2.2.1 及推论 2.2.1 的证明

下面首先给出定理 2.2.1 的证明．设$(k,\ s)$是方程(2.2.3)当时的一个正整数解．先考虑 $\lambda=1$ 时的情形．根据方程(2.2.2)、方程(2.2.3)以及引理 2.2.3 的(1)可得

$$s^2=v_k-1=\frac{\alpha^k-\overline{\alpha}^k}{\alpha-\overline{\alpha}}-1=\frac{\beta^{2k}-\overline{\beta}^{2k}}{\beta^2-\overline{\beta}^2}-(\beta\overline{\beta})^{k-1}=\frac{(\beta^{k-1}-\overline{\beta}^{k-1})(\beta^{k+1}+\overline{\beta}^{k+1})}{\beta^2-\overline{\beta}^2} \tag{2.2.23}$$

如果 $2\mid k$，设 $k=2l$，其中 l 是一个正整数．根据式(2.2.15)，再由式(2.2.21)可得

$$s^2=U_{2l+1}U_{2l-1} \tag{2.2.24}$$

而且，根据引理 2.2.2 的(3)可得 $\gcd(U_{2l+1},\ U_{2l-1})=1$.

因此，由方程(2.2.24)可以推出

$$U_{2l+1}=f^2,\ V_{2l-1}=g^2,\ s=fg,\quad f,\ g\in\mathbf{N} \tag{2.2.25}$$

当$2\mid a$ 时，由式(2.2.10)、式(2.2.17)以及方程组(2.2.25)的第二个等式可知方程(2.2.26)有一个正整数解$(X,Y)=(U_{2l-1},\sqrt{V_{2l-1}})$.

$$d_1X^2-d_2Y^4=2,\quad X,Y\in\mathbf{N} \tag{2.2.26}$$

再由引理 2.2.3 的(2)可得方程(2.2.26)有一个正整数解$(X,Y)=(U_1,V_1)=(1,1)$. 因此, 根据引理2.3.7可推出 $l=1$ 或者 $l=2$. 但是, 由于$U_3=2a-1$ 且 $U_5=4a^2-2a-1$, 由式(2.2.12), 式(2.2.13)以及式(2.2.15)可得 $U_3\equiv U_5\equiv 3(\bmod 4)$. 这说明 U_3 和 U_5 都不是平方数. 所以, 由方程组(2.2.25)的第一个等式即可得出矛盾.

当 $2\nmid a$ 时, 方程(2.2.27)有解$(X,Y)=(U_{2l-1},\sqrt{V_{2l-1}})$.

$$d_1X^2-d_2Y^4=1,\qquad X,Y\in\mathbf{N}\tag{2.2.27}$$

由于 $a>1$, 所以有 $d_1=\dfrac{a+1}{2}>1$, 而且可知方程(2.2.27)有一个解$(X,Y)=(1,1)=(U_1,V_1)$. 于是根据引理2.2.5可以推出 $l=1$.

又因为 $U_3=2a-1$, 所以由方程组(2.2.25)的第一个等式即可得 $2\nmid f$, $f=2b+1$以及 $a=2b^2+2b+1$, 其中 b 是一个正整数. 这样, 根据方程(2.2.24)和方程组(2.2.25)即可得(1)的解.

如果 $2\nmid k$, 那么 $k=2l+1$, 其中 l 是一个非负整数. 根据式(2.2.14)和引理2.2.16的(1), 再由式(2.2.23)可得

$$s^2=2u_{l+1}v_l\tag{2.2.28}$$

而且, 由于 $s>0$ 且 $v_0=0$, 所以由式(2.2.2)可得 $l>0$.

当$2\mid l$时, 由引理2.2.1的(2)和(4)可以推出 $2\mid v_l$ 以及 $\gcd(u_{l+1},v_l)=u_1$. 于是由式(2.2.28)可得 $2\nmid u_{l+1}$以及式(2.2.29).

$$u_{l+1}=u_1f^2,\ v_l=2u_1g^2,\ s=2u_1fg,\qquad f,g\in\mathbf{N}\tag{2.2.29}$$

再根据式(2.2.2)和方程组(2.2.29)的第一个等式可知方程(2.2.30)有解$(X,Y)=(f,v_{l+1})$.

$$u_1^2X^4-dY^2=1,\qquad X,Y\in\mathbf{N}\tag{2.2.30}$$

因为 $u_1=a>1$, 所以由引理2.2.6可知方程(2.2.30)唯一解$(X,Y)=(1,1)$. 从而根据方程组(2.2.29)可得 $l+1\geqslant 3$ 和 $f>1$, 矛盾.

当 $2\nmid l$ 时, 即有 $2\nmid v_l$ 和 $\gcd(u_{l+1},v_l)=1$. 根据式(2.2.28)可得

$$u_{l+1}=2f^2,\ v_l=g^2,\ s=fg,\qquad f,\ g\in\mathbf{N}\tag{2.2.31}$$

但是，因为$2\mid(l+1)$，由引理 2.2.1 的(2)可推出$2\nmid u_{l+1}$，这和方程组(2.2.31)矛盾．因此，如果$c=1$且$\lambda=1$，那么方程(2.2.3)仅有形如(1)的唯一解．

下面考虑当$\lambda=-1$时的情形．即有

$$s^2=v_k+1=\frac{\alpha^k-\overline{\alpha}^k}{\alpha-\overline{\alpha}}+1=\frac{\beta^{2k}-\overline{\beta}^{2k}}{\beta^2-\overline{\beta}^2}+(\beta\overline{\beta})^{k-1}=\frac{(\beta^{k-1}+\overline{\beta}^{k-1})(\beta^{k+1}-\overline{\beta}^{k+1})}{\beta^2-\overline{\beta}^2}\tag{2.2.32}$$

如果$2\mid k$，设$k=2l$且由式(2.2.32)可得

$$s^2=U_{2l-1}V_{2l+1}\tag{2.2.33}$$

因为$\gcd(U_{2l-1},V_{2l+1})=1$，所以由方程(2.2.33)可得

$$U_{2l-1}=f^2,\ V_{2l+1}=g^2,\ s=fg,\quad f,g\in\mathbf{N}\tag{2.2.34}$$

当$2\mid a$时，由方程组(2.2.34)的第二个等式可知方程(2.2.26)有解$(X,Y)=(U_{2l+1},\sqrt{V_{2l+1}})$．因为方程(2.2.26)有解$(X,Y)=(1,1)=(U_1,V_1)$且$2l+1\geqslant 3$，根据引理2.2.7 可得$l=1$．又因为$V_3=2a+1$，于是由式(2.2.15)可得$2\nmid g$，$g=2b+1$，以及$a=\frac{g^2-1}{2}=2b^2+2b$，其中$b$是一个正整数．从而根据方程(2.2.34)可得解(2)．

当$2\nmid a$时，根据方程(2.2.34)可知方程(2.2.27)有解$(X,Y)=(U_{2l+1},\sqrt{V_{2l+1}})$满足$Y>1$．但是由引理2.2.5 可知方程(2.2.27)仅有解$(X,Y)=(1,1)=(U_1,V_1)$，矛盾．

如果$2\nmid k$，设$k=2l+1$且由式(2.2.32)可得

$$s^2=2u_lv_{l+1}\tag{2.2.35}$$

当$2\mid l$时，由引理 2.2.1 的(2)和(4)可得$2\nmid u_l$且$2\nmid v_{l+1}$．这表明式(2.2.35) 不存在．

当$2\nmid l$时，即有$2\nmid\frac{u_l}{u_1}$，$2u_1\mid v_{l+1}$以及$\gcd(u_l,v_{l+1})=u_1$．于是根据式(2.2.35) 可得

$$u_l = u_1 f^2,\ v_{l+1} = 2u_1 g^2,\ s = 2u_1 fg,\quad f,g \in \mathbf{N} \tag{2.2.36}$$

由方程组(2.2.36)的第一个等式可以推出方程(2.2.30)有解$(X,Y)=(f,v_l)$. 根据引理2.2.6可知方程(2.2.30)仅有解$(X,Y)=(1,1)=(1,v_1)$. 这说明$l=1$. 从而根据方程组(2.2.36)可得形如(3)的解. 因此，当$c=1$且$\lambda=-1$时，方程(2.2.3)仅有形如(2)和(3)的解. 综上所述定理2.2.1得证.

下面给出推论2.2.1的证明.

设$(x,\ y,\ z)$是方程(2.2.4)的解，则有

$$x^2-(y^2-1)(z^2-1)^2=1,\ x,y,z\in \mathbf{N},\ \min(x,\ y,\ z)>1 \tag{2.2.37}$$

令$a=y$，根据式(2.2.12)，式(2.2.16)及式(2.2.37)可以推出

$$u_k=x,\ v_k=z^2-1,\ k\in \mathbf{N} \tag{2.2.38}$$

再令$s=z$，那么根据式(2.2.38)可推出当$c=1$且$\lambda=-1$时，方程(2.2.3)有解$(k,\ s)$. 于是根据定理2.2.1可得

$$k=2,\ y=a=2t^2+2t,\ z=s=2t+1,\quad t\in \mathbf{N} \tag{2.2.39}$$

或者

$$k=3,\ y=a=t,\ z=s=2t,\ t\in \mathbf{N},\ t>1 \tag{2.2.40}$$

因为由式(2.2.1)和式(2.2.14)可推出$u_2=2a^2-1$以及$u_3=4a^3-3a$，所以分别根据式(2.2.40)和式(2.2.39)可推出解(2.2.5)和(2.2.6). 而且，方程(2.2.4)没有其他形式的解. 推论2.2.1得证.

2.3　奇完全数的一个性质

2.3.1　引言及结论

设$\mathbf{N}$是所有正整数的集合. 对于正整数a，设$\sigma(a)$是a的所有约数之和. 如果正整数n满足式(2.3.1)，则称n是完全数.

$$\sigma(n)=2n \tag{2.3.1}$$

长期以来，完全数的性质是数论中引人关注的研究课题，其中奇完全数的存在性是一个迄今为止仍未解决的著名难题，目前只得到了奇完全数存在的若干条件(可参阅参考文献[52]的问题 B1 及其参考文献). 设 n 是奇完全数，p 是 n 的素因数，r 是 p 在 n 的标准分解式的次数. 此时显然有 $\gcd\left(p^r,\dfrac{n}{p^r}\right)=1$. 从参考文献[53]的定理 1.9.2 可知 $\sigma(a)$是积性函数，所以从式(2.3.1)可得

$$\sigma(n)=\sigma(p^r)\sigma\left(\frac{n}{p^r}\right)=2n=p^r\left(\frac{2n}{p^r}\right) \tag{2.3.2}$$

又从参考文献[53]的定理 1.9.1 可知 $\gcd\left(p^r,\dfrac{n}{p^r}\right)=1$，故从式(2.3.2)可得 $p^r \mid \sigma\left(\dfrac{n}{p^r}\right)$，所以 $\sigma\left(\dfrac{n}{p^r}\right)$是正整数. 设

$$f(p)=\frac{\sigma\left(\frac{n}{p^r}\right)}{p^r} \tag{2.3.3}$$

最近，Dris 和 Luca 在参考文献[54]中证明了：对于奇完全数 n 的任一素因数 p，都有

$$f(p)\neq 1,2,3,4 \text{ 或 } 5 \tag{2.3.4}$$

Chen F. J 和 Chen Y. G 在参考文献[55]中在同样的题设下证明

$$f(p)\neq q,q^2,q^3,q^4,qq' \text{或 } q^2q' \tag{2.3.5}$$

式中，q 和 q'是不同的奇素数. 本书利用高次 Diophantine 方程的结果证明了定理 2.3.1.

定理 2.3.1 对于奇完全数 n 任一素因数 p，都有

$$f(p)\neq q^t \tag{2.3.6}$$

式中，q 是奇素数，t 是正奇数或者适合 $t\leqslant 6$ 的正偶数. 显然，上述定理部分改进了参考文献[55]中的结果(2.3.5).

2.3.2 几个引理

引理 2.3.1 如果 $a=l_1^{r_1}\cdot l_2^{r_2}\cdots l_k^{r_k}$ 是正整数 a 的标准分解式，则

$$\sigma(a) = \prod_{i=1}^{k} \frac{l_i^{r_i} - 1}{l_i - 1} \tag{2.3.7}$$

证明　可参阅参考文献[52]的定理 1.9.1.

引理 2.3.2　如果 n 是奇完全数，则 n 的标准分解式为

$$n = \pi^s p_1^{2s_1} \cdot p_2^{2s_2} \cdots p_k^{2s_k} \tag{2.3.8}$$

式中，$\pi, p_1, p_2, \cdots, p_k$ 是不同的奇素数；$s_1, s_2, \cdots, s_k$ 是正整数，而且 $\pi \equiv s \equiv 1 \pmod 4$.

证明　可参阅参考文献[56].

引理 2.2.3　如果 n 是奇完全数，则它的标准分解式(2.3.7)中的 $k \geqslant 8$.

证明　可参阅参考文献[57].

引理 2.3.4　方程(2.3.9)仅有两个解$(X, Y) = (23, 78)$.

$$X^3 + 1 = 2Y^2,\quad X, Y \in \mathbf{N},\ X > 1 \tag{2.3.9}$$

证明　可参阅参考文献[58].

引理 2.3.5　方程(2.3.10)无解(X, Y, m).

$$X^3 + 1 = 2Y^2,\ X, Y, m \in \mathbf{N},\ X > 1,\ m > 3 \tag{2.3.10}$$

证明　可参阅参考文献[59].

引理 2.3.6　方程(2.3.11)仅有解$(X, Y, m) = (3, 11, 5)$和$(7, 20, 4)$.

$$\frac{X^m - 1}{X - 1} = Y^2,\quad X, Y, m \in \mathbf{N},\ X > 1,\ m > 2 \tag{2.3.11}$$

证明　可参阅参考文献[60].

2.3.3　定理 2.3.1 的证明

设 n 是奇完全数．从引理 2.3.2 可知 n 的标准分解式必为式(2.3.8)之形，又从引理 2.3.2 可知

$$\sigma(n) = \frac{\pi^{s+1} - 1}{\pi - 1} \prod_{i=1}^{k} \frac{p_i^{2s_i+1} - 1}{p_i - 1} \tag{2.3.12}$$

如果 n 的素因数 p 适合式(2.3.13)，其中 q 是奇素数，则从式(2.3.1)~式

(2.3.3)和式(2.3.13)可知如式(2.3.14)所示的 $\sigma(p^r)$ 是偶数.

$$f(p)=q^t,\ t\in\mathbf{N} \tag{2.3.13}$$

$$\sigma(p^r)=\frac{2n}{p^r q^t} \tag{2.3.14}$$

由于 $\frac{p_i^{2s_i+1}-1}{p_i-1}(i=1,2,\cdots,k)$ 都是奇数，所以从式(2.3.14)可知

$$p=\pi,\ r=s \tag{2.3.15}$$

从式(2.3.8)、式(2.3.13)和式(2.3.15)可知 q 必为 $p_1,p_2,\cdots,p_k$ 中的某数，所以不妨假定

$$q=pk \tag{2.3.16}$$

因此，从式(2.3.8)、式(2.3.14)、式(2.3.15)和式(2.3.16)可得

$$\sigma(\pi^s)=\frac{\pi^{s+1}-1}{\pi-1}=2p_1^{2s_1}p_2^{2s_2}\cdots p_k^{2s_k-t} \tag{2.3.17}$$

从式(2.3.17)可知

$$t\leqslant 2s_k \tag{2.3.18}$$

当 $s>1$ 时，因为从引理 2.3.2 可知 $s\equiv 1(\bmod 4)$，所以 $s\geqslant 5$，$\frac{s+1}{2}$ 是适合 $\frac{s+1}{2}\geqslant 3$ 的奇数.

由于 $\gcd[\pi^{(s+1)/2}+1,\ \pi^{(s+1)/2}-1/(\pi-1)]=1$，而且 $\pi^{(s+1)/2}+1$ 是偶数，故从式(2.3.17)可得式(2.3.19)或式(2.3.20).

$$\pi^{(s+1)/2}+1=2f^2,\ \frac{\pi^{(s+1)/2}-1}{\pi-1}=g^2p_k^{2s_k-t} \tag{2.3.19}$$

$$\pi^{(s+1)/2}+1=2f^2p_k^{2s_k-t},\ \frac{\pi^{(s+1)/2}-1}{\pi-1}=g^2 \tag{2.3.20}$$

式中，f 和 g 是适合 $fg=p_1^{s_1}\cdot p_2^{s_2}\cdots p_{k-1}^{s_{k-1}}$ 的正整数. 然而，由于从引理 2.3.2 可知 $\pi\equiv 1(\bmod 4)$，所以根据引理 2.3.4 和引理 2.3.5 可知式(2.3.19)中的第一个等式不成立；又从引理 2.3.6 可知式(2.3.20)中的第 2 个等式不成立. 由此可知 $s=1$. 因为 $s=1$，所以从式(2.3.17)可知

$$\pi + 1 = 2p_1^{2s_1} \cdot p_2^{2s_2} \cdots p_k^{2s_k - t} \tag{2.3.21}$$

同时，由式(2.3.3)、式(2.3.8)、式(2.3.12)、式(2.3.13)和式(2.3.16)可知

$$\sigma\left(\frac{n}{p^r}\right) = \sigma\left(\frac{n}{\pi}\right) = \prod_{i=1}^{k} \frac{p_i^{2s_i+1} - 1}{p_i - 1} = \pi p_k^t \tag{2.3.22}$$

由于$\frac{p_i^{2s_i+1} - 1}{p_i - 1} > 1(i = 1, \cdots, k)$，而且$p^k \mid \frac{p_k^{2s_k+1} - 1}{p_k - 1}$，所以从式(2.3.22)可得

$$\frac{p_k^{2s_k+1} - 1}{p_k - 1} = \pi \tag{2.3.23}$$

$$\frac{p_i^{2s_i+1} - 1}{p_i - 1} = p_k^{t_i}, \quad t_i \in \mathbf{N}, \ i = 1, 2, \cdots, k - 1 \tag{2.3.24}$$

式中，$t_i(i = 1, 2, \cdots, k - 1)$满足

$$t_1 + t_2 + \cdots + t_{k-1} = t \tag{2.3.25}$$

如果 $t < 2s_k$，则从式(2.3.21)可知

$$\pi \equiv -1(\bmod p_k) \tag{2.3.26}$$

又从式(2.3.23)可知

$$\pi \equiv 1(\bmod p_k) \tag{2.3.27}$$

故从式(2.3.26)和式(2.3.27)可得 $2 \equiv 0(\bmod p_k)$ 这一矛盾．因此从式(2.3.18)可知

$$t = 2s_k \tag{2.3.28}$$

从式(2.3.28)可知：当 t 是奇数时，式(2.3.13)不可能成立．另外，因为 t_i $(i = 1, \cdots, k - 1)$都是正整数，故从式(2.3.25)可知

$$t \geqslant k - 1 \tag{2.3.29}$$

又从引理 2.3.3 可知 $k \geqslant 8$，故从式(2.3.29)可得 $t \geqslant 7$. 由于从式(2.3.28)可知 t 是偶数，所以当 t 是适合 $t \leqslant 6$ 的正偶数时，式(2.3.13)也不成立．定理 2.3.1 证毕．

2.4 二次 Diophantine 方程的两个问题

2.4.1 引言及结论

设 **N** 是所有正整数的集合．在数论中，Pell 方程组的求解是一个引人关注的问题，其结果有非常广泛的应用（可参阅参考文献[61]、[62]）．设 D 是无平方因子正奇数，p 是大于 3 的奇素数．2013 年，吴莉、王学平和杨仕椿在参考文献[63]中讨论了方程(2.4.1)和方程(2.4.2)的解的递推问题．

$$x^2 - Dy^2 = 2, \quad x, y \in \mathbf{N} \tag{2.4.1}$$

$$x^2 - Dy^2 = -2, \quad x, y \in \mathbf{N} \tag{2.4.2}$$

此外，提出了以下两个问题．

问题 2.4.1 $D \equiv 3 \pmod 8$ 且不含素因数 $q \equiv 5$ 或 $7 \pmod 8$ 时，D 取何值可使方程(2.4.2)有解？

问题 2.4.2 当 $q \equiv 5$ 或 $7 \pmod 8$ 时，是否存在无穷多个奇素数 p 使得方程(2.4.3)无解(X, Y)？

$$x^2 - 3py^2 = -2, \quad x, y \in \mathbf{N} \tag{2.4.3}$$

由于 D 是无平方因子，所以 D 不是平方数，故从参考文献[53]中的定理 10.9.1 和 10.9.2 可知此时如式(2.4.4)的 Pell 方程组有解(u, v)，而且必有唯一解(u_1, v_1)适合 $u_1 + v_1\sqrt{D} \leqslant u + v\sqrt{D}$，这里的($u$, v)通过该方程的所有解．

$$u^2 - Dv^2 = 1, \quad u, v \in \mathbf{N} \tag{2.4.4}$$

如此的(u_1, v_1)称为式(2.4.4)的最小解．本节证明了定理 2.4.1 和定理 2.4.2.

定理 2.4.1 方程(2.4.1)或方程(2.4.2)有解的充要条件是方程(2.4.4)的最小解(u_1, v_1)中的 v_1 是奇数；而且对于任何一组适合式(2.4.5)的正整数(D_1, D_2)，方程(2.4.6)没有解(U, V).

$$D = D_1 D_2, \quad \min\{D_1 D_2\} > 1 \tag{2.4.5}$$

$$D_1U^2 - D_2V^2 = 2, \quad U, V \in \mathbf{N} \tag{2.4.6}$$

定理 2.4.2　当 $p \equiv 17 \pmod{24}$ 时，方程(2.4.3)必有解(x, y).

显然，定理 2.4.1 给出了解决问题 2.4.1 的方法，从定理(2.4.2)可知存在无穷多个奇素数 p 可使方程(2.4.3)有解.

2.4.2　两个引理

引理 2.4.1　设(D_1, D_2)是一组适合 $D = D_1D_2$ 的正整数. 如果方程(2.4.6)有解(U, V)，则该方程必有唯一解(U_1, V_1)适合 $U_1\sqrt{D_1} + V_1\sqrt{D_2} \leqslant U\sqrt{D_1} + V\sqrt{D_2}$，这里$(U, V)$通过该方程的所有解. 如此的$(U_1, V_1)$称为方程(2.4.6)的最小解. 此时，方程(2.4.4)的最小解(u_1, v_1)，满足

$$u_1 + v_1\sqrt{D} \leqslant \left(\frac{U_1\sqrt{D_1} + V_1\sqrt{D_1}}{\sqrt{2}}\right)^2 \tag{2.4.7}$$

证明　可参阅参考文献[64]的定理 1.3.2.

引理 2.4.2　对于给定的无平方因子正奇数 D，恰有一组适合式(2.4.8)的正整数(D_1, D_2, λ)可使方程(2.4.9)有解(U, V).

$$D = D_1D_2,\ \lambda \in \{1, 2\},\ (D_1, D_2, \lambda) \neq (1, D, 1) \tag{2.4.8}$$

$$D_1U^2 - D_2V^2 = \lambda, \quad U, V \in \mathbf{N} \tag{2.4.9}$$

证明　可参阅参考文献[48].

引理 2.4.2 中的数组(D_1, D_2, λ)称为 D 的 Petr 组，记为 $P(D)$. 例如

$$P(3) = (3, 1, 2),\ P(5) = (5, 1, 1),$$
$$P(7) = (1, 7, 2),\ P(11) = (11, 1, 2) \tag{2.4.10}$$

2.4.3　定理 2.4.1 和定理 2.4.2 的证明

先证明定理 2.4.1.

首先证明定理 2.4.1 的必要性. 当方程(2.4.1)或方程(2.4.2)有解时，从引理 2.4.1 可知此时方程(2.4.4)的最小值(u_1, v_1)满足

$$u_1 + v_1\sqrt{D} \leqslant \left(\frac{x_1 + y_1\sqrt{D}}{\sqrt{2}}\right)^2 \tag{2.4.11}$$

式中，(x_1, y_1)是方程(2.4.1)或者方程(2.4.2)的最小解．从式(2.4.11)可得

$$v_1 = x_1 y_1 \tag{2.4.12}$$

因为D是无平方因子正奇数，所以从方程(2.4.1)和方程(2.4.2)可知x_1和y_1都是奇数，故从式(2.4.12)可知此时v_1也必定是奇数．

同时，假如有一组适合式(2.4.5)的正整数可使方程(2.4.6)有解(U, V)，则从引理2.4.1可知方程(2.4.4)的最小解(u_1, v_1)适合式(2.4.7)，其中(U_1, V_1)是方程(2.4.6)的最小解．此时从式(2.4.7)和式(2.4.11)可得

$$x_1 + y_1\sqrt{D} = U_1\sqrt{D_1} + V_1\sqrt{D_2} \tag{2.4.13}$$

因为$D = D_1 D_2$，故从式(2.4.13)可知

$$\sqrt{D_2} = \frac{x_1 - U_1\sqrt{D_1}}{V_1 - y_1\sqrt{D_1}} = \frac{x_1 V_1 - y_1 U_1}{V_1^2 - D_1 y_1^2} + \frac{x_1 y_1 - U_1 V_1}{V_1^2 - D_1 y_1^2}\sqrt{D_1} \tag{2.4.14}$$

然而，由于D是无平方因子正奇数，所以从式(2.4.5)可知$\min\{D_1 D_2\} > 1$且$\gcd(D_1, D_2) = 1$. 因此式(2.4.14)不可能成立．由此可知，当方程(2.4.1)或者方程(2.4.2)有解时，v_1必为奇数，而且方程(2.4.6)对于任何一组适合条件(2.4.6)的正整数(D_1, D_2)都无解．

最后证明定理2.4.1的充分性．当v_1是奇数时，从式(2.4.15)可知u_1必为偶数．

$$u_1^2 - D v_1^2 = 1 \tag{2.4.15}$$

因为$\gcd(u_1 + 1, u_1 - 1) = 1$，故从方程(2.4.15)可得

$$u_1 + 1 = D_1 f^2,\ u_1 - 1 = D_2 g^2,\ D = D_1 D_2,\ v_1 = fg,\quad D_1, D_2, f, g \in \mathbf{N} \tag{2.4.16}$$

从方程组(2.4.16)可得

$$D_1 f^2 - D_2 g^2 = 2 \tag{2.4.17}$$

当方程(2.4.17)对于任何一组适合式(2.4.5)的正整数(D_1, D_2)都无解时，方程(2.4.17)中的D_1和D_2满足$D = D_1 D_2$以及$\min\{D_1 D_2\} = 1$，故有$(D_1, D_2) =$

$(1, D)$或者$(D, 1)$. 因此从方程(2.4.17)可知此时方程(2.4.1)或者(2.4.2)必定有解$(x, y)=(f, g)$. 至此定理2.4.1的充分性得证. 定理2.4.1证毕.

接下来证明定理2.4.2. 当$p\equiv 17(\bmod 24)$时, p同时满足$p\equiv 1(\bmod 8)$以及$p\equiv 2(\bmod 3)$. 由于p是大于3的奇素数, 所以$3p$是无平方因子正奇数, 并且根据引理2.4.2可知它的 Petr 组$P(3p)$仅有7种可能, 如式(2.4.18)所示.

$$P(3p)=(1, 3p, 2), (3, p, 1), (3, p, 2), (p, 3, 1),$$
$$(p, 3, 2), (3p, 1, 1)\text{或}(3p, 1, 2) \tag{2.4.18}$$

如果$P(3p)=(1, 3p, 2)$, 则方程(2.4.19)有解(U, V).

$$U^2-3pV^2=2, \quad U, V\in \mathbf{N} \tag{2.4.19}$$

由于此时U和V都是奇数, 故从式(2.4.19)可得$3\equiv 3p\equiv 3pV^2\equiv U^2-2\equiv(1-2)\equiv 7(\bmod 8)$这一矛盾.

如果$P(3p)=(3, p, 1)$, 则方程式(2.4.20)有解(U, V).

$$U^2-pV^2=1, \quad U, V\in \mathbf{N} \tag{2.4.20}$$

当U是奇数时, V必为偶数, 此时从方程(2.4.20)可得$0\equiv pV^2\equiv 3U^2-1\equiv 3-1\equiv 2(\bmod 4)$这一矛盾. 当$U$是偶数时, V必为奇数, 此时从方程(2.4.20)可得$0\equiv 3U^2\equiv pV^2+1\equiv p+1\equiv 1+1\equiv 2(\bmod 4)$这一矛盾.

如果$P(3p)=(3, p, 2)$, 则方程(2.4.21)有解(U, V).

$$3U^2-pV^2=2, \quad U, V\in \mathbf{N} \tag{2.4.21}$$

此时, 因为$3\nmid V$, 所以$V^2\equiv 1(\bmod 3)$, 故从方程(2.4.21)可得$2\equiv 3U^2-pV^2\equiv -pV^2\equiv -p\equiv 1(\bmod 3)$这一矛盾.

如果$P(3p)=(p, 3, 1)$, 则方程(2.4.22)有解(U, V).

$$pU^2-3V^2=1, \quad U, V\in \mathbf{N} \tag{2.4.22}$$

此时, 因为$3\nmid U$, 所以$U^2\equiv 1(\bmod 3)$, 故从方程(2.4.22)可得$1\equiv pU^2-3V^2\equiv \mathrm{pU}^2\equiv \mathrm{p}\equiv 2(\bmod 3)$这一矛盾.

如果$P(3p)=(p, 3, 2)$, 则方程(2.4.23)有解(U, V).

$$pU^2-3V^2=1, \quad U, V\in \mathbf{N} \tag{2.4.23}$$

由于此时U和V都是奇数, 故从方程(2.4.23)可得$2\equiv pU^2-3V^2\equiv p-3\equiv 1-3\equiv 6(\bmod 8)$这一矛盾.

如果 $P(3p)=(3p,\ 1,\ 1)$，则方程(2.4.24)有解$(U,\ V)$.

$$3pU^2-V^2=1,\quad U,\ V\in\mathbf{N} \tag{2.4.24}$$

从方程(2.4.24)可知 $3\mid(V^2+1)$. 然而，因为 V^2+1 的约数 d 必定满足 $d\equiv1$ 或 $2(\mathrm{mod}4)$，所以这是不可能的.

由于前面已经排除了式(2.4.18)中 6 种可能性，所以从式(2.4.18)可知 $P(3p)=(3p,\ 1,\ 2)$，即方程(2.4.3)有解$(x,\ y)$. 定理 2.5 证完.

2.5 一个关于 Diophantine 方程 $x^p-1=Dy^2$ 解的结论

2.5.1 引言及主要结论

设 **Z**、**Q**、**N** 分别是全体整数、有理数和正整数的集合. 设 p 是奇素数，D 是大于 2 的无平方因子正整数. 又设 $h(-D)$ 是虚二次域 $Q(\sqrt{-D})$ 的类数，$\varphi(D)$ 是 D 的 Euler 函数. 早在 20 世纪 20 年代，Nagell 等人就已经开始系统地研究方程(2.5.1)的求解问题(可参见参考文献[5]、[65]).

$$x^p-1=Dy^2,\quad x,\ y\in\mathbf{N} \tag{2.5.1}$$

常茸茸和鲁志娟讨论了方程(2.5.1)在 $D=5$ 时的情况，即证明了：若奇素数 p 满足 $p\equiv1(\mathrm{mod}3)$ 且 3 是模 p 的二次剩余，则方程(2.5.2)无解$(x,\ y)$.

$$x^p-1=5y^2,\quad x,\ y\in\mathbf{N} \tag{2.5.2}$$

由此可知，当 $p\in\{13,\ 37,\ 61,\ 73,\ 97\}$时，方程(2.5.2)无解$(x,\ y)$.

本节根据 Nagell 和 Ljunggren 的经典结果(可参见参考文献[67]~[68])，运用初等数论方法对于一般的 D 给出了方程(2.5.1)无解的若干充分条件，即证明了定理 2.5.1.

定理 2.5.1 当 $D\not\equiv7(\mathrm{mod}8)$时，若奇素数 p 满足式(2.5.3)，则方程(2.5.1)无解$(x,\ y)$.

$$p\nmid h(-D) \tag{2.5.3}$$

因为已知 $h(-5)=2$(可参阅参考文献[53])，所以根据定理2.5.1可以完整地解决方程(2.5.2)的求解问题，直接可得推论2.5.1和推论2.5.2.

推论2.5.1　对于任何奇素数 p，方程(2.5.2)都无解 (x, y).

同时，因为对于给定的 D，类数 $h(-D)$ 是有限的，而且 $h(-D)\leqslant D$(可参阅参考文献[53])，所以由定理2.5.1直接可得如下定理.

推论2.5.2　当 $D\not\equiv 7(\bmod 8)$ 时，若 $p>D$，则方程(2.5.1)无解 (x, y).

当 $D\equiv 7(\bmod 8)$ 时，因为方程(2.5.1)可能有 x 为偶数的解 (x, y)，所以此时讨论该方程的可解性比较困难. 本节针对此情况证明了定理2.5.2.

定理2.5.2　当 $D\equiv 7(\bmod 8)$ 时，若 $p\equiv 5, 7(\bmod 8)$ 且 p 满足式(2.5.3)和式(2.5.4)，则方程(2.5.1)无解 (x, y).

$$p \nmid D\varphi(D) \tag{2.5.4}$$

根据 Euler 函数的定义可知 $\varphi(D)\leqslant D$，所以由定理2.5.2直接可得以下推论.

推论2.5.3　当 $D\equiv 7(\bmod 8)$ 时，若 $p\equiv 5, 7(\bmod 8)$ 且 $p>D$，则方程(2.5.1)无解 (x, y).

2.5.2　几个引理

引理2.5.1　若 $n=p_1^{r_1}\cdots p_k^{r_k}$ 是正整数 n 的标准分解式，则

$$\varphi(n)=p_1^{r_1-1}\cdots p_k^{r_k-1}(p_1-1)\cdots(p_k-1) \tag{2.5.5}$$

证明　可参阅参考文献[53].

引理2.5.2　设 X 是大于1的正整数. 当 $X\not\equiv 1(\bmod p)$ 时，$\dfrac{X^p-1}{X-1}$ 的素因数 q 都适合 $q\equiv 1(\bmod 2p)$；当 $X\equiv 1(\bmod p)$ 时，$p \mid \dfrac{X^p-1}{X-1}$，而且 $\dfrac{X^p-1}{p(X-1)}$ 的素因数 q 都适合 $q\equiv 1(\bmod 2p)$.

证明　可参阅参考文献[53].

引理2.5.3　若 p 满足(2.5.3)，则方程(2.5.1)没有 x 为奇数的解 (x, y).

证明　可参阅参考文献[66].

引理 2.5.4 方程(2.5.6)仅有解$(X, Y, m)=(3, 11, 5)$和$(7, 20, 4)$.

$$\frac{X^m-1}{X-1}=Y^2,\ X>1,\ Y>1,\ m>2,\ X,\ Y,\ m\in\mathbf{N} \tag{2.5.6}$$

证明 可参阅参考文献[67].

2.5.3 定理 2.5.1 和定理 2.5.2 的证明

定理 2.5.1 的证明如下. 设(x, y)是方程(2.5.1)的一组解. 因为 p 满足式(2.5.3), 所以根据引理 2.5.3 可知此时 x 必为偶数. 当 x 是偶数时, 由方程(2.5.1)可知 y 是奇数, 故有 $y^2\equiv 1 \pmod 8$. 又因 $p\geqslant 3$, 所以由方程(2.5.1)可得

$$D\equiv Dy^2\equiv x^p-1\equiv 0-1\equiv 7 \pmod 8 \tag{2.5.7}$$

因此, 当 $D\equiv 7 \pmod 8$时, 由式(2.5.7)可知方程(2.5.1)无解. 定理 2.5.1 证毕.

定理 2.5.2 的证明如下. 设(x, y)是方程(2.5.1)的一组解. 因为 p 满足式(2.5.3), 所以 x 必为偶数. 由式(2.5.1)可知

$$x^p-1=(x-1)(x^{p-1}+\cdots+x+1)=Dy^2 \tag{2.5.8}$$

此时

$$\gcd(x-1,\ x^{p-1}+\cdots+x+1)=\begin{cases}1, & x\not\equiv 1 \pmod p\\ p, & x\equiv 1 \pmod p\end{cases} \tag{2.5.9}$$

又因为 p 满足式(2.5.4), 所以根据引理 2.5.1 和引理 2.5.2 可知

$$\gcd(D,\ x^{p-1}+\cdots+x+1)=1 \tag{2.5.10}$$

因此, 由式(2.5.8)~式(2.5.10)可得式(2.5.11)或式(2.5.12).

$$x-1=Da^2,\ \frac{x^p-1}{x-1}=b^2,\ y=ab,\quad a,\ b\in\mathbf{N} \tag{2.5.11}$$

$$x-1=pDa^2,\ \frac{x^p-1}{x-1}=pb^2,\ y=pab,\quad a,\ b\in\mathbf{N} \tag{2.5.12}$$

因为 x 是偶数, 根据引理 2.5.4 可知式(2.5.11)不成立.

当式(2.5.12)成立时, 因为 x 是偶数, 所以 a 和 b 都是奇数, 故有 $b^2\equiv 1 \pmod 8$, 并且由式(2.5.12)中的第二个等式可知

$$p \equiv pb^2 \equiv x^{p-1} + \cdots + x + 1 \equiv \begin{cases} 1(\bmod 8), & x \equiv 0(\bmod 8) \\ 5(\bmod 8), & x \equiv 4(\bmod 8) \\ 3(\bmod 4), & x \equiv 2(\bmod 4) \end{cases} \tag{2.5.13}$$

因为 $p \equiv 5$ 或 $7(\bmod 8)$，所以由式(2.5.13)可知以下仅须讨论式(2.5.14)和式(2.5.15)两种情况.

$$p \equiv 5(\bmod 8), \quad x \equiv 4(\bmod 8) \tag{2.5.14}$$

$$p \equiv 7(\bmod 8), \quad x \equiv 2(\bmod 4) \tag{2.5.15}$$

因为 x 是偶数，所以 $x+1$ 是正奇数. 由于 $x^{p-1} + \cdots + x + 1 \equiv 1(\bmod x+1)$，故由式(2.5.12)中的第二个等式可知

$$pb^2 \equiv 1(\bmod x+1) \tag{2.5.16}$$

于是，根据有关二次剩余的 Jacobi 符号的定义(可参见参考文献[53])，由式(2.5.16)可得

$$\left(\frac{pb^2}{x+1}\right) = 1 \tag{2.5.17}$$

式中，$\left(\frac{*}{*}\right)$是 Jacobi 符号.

另外，由式(2.5.12)中第一个等式可知

$$x+1 \equiv 2(\bmod p) \tag{2.5.18}$$

若式(2.5.14)成立，则因为 $p \equiv 5(\bmod 8)$，所以根据 Jacobi 符号的性质，由式(2.5.17)和式(2.5.18)可得式(2.5.19)这一矛盾，故不成立.

$$1 = \left(\frac{pb^2}{x+1}\right) = \left(\frac{p}{x+1}\right) = \left(\frac{x+1}{p}\right) = \left(\frac{2}{p}\right) = -1 \tag{2.5.19}$$

若式(2.5.15)成立，则因为 $p \equiv 7(\bmod 8)$ 且 $x+1 \equiv 3(\bmod 4)$，所以由式(2.5.17)和式(2.5.18)可得式(2.5.20)这一矛盾，故不成立.

$$1 = \left(\frac{pb^2}{x+1}\right) = \left(\frac{p}{x+1}\right) = -\left(\frac{x+1}{p}\right) = -\left(\frac{2}{p}\right) = -1 \tag{2.5.20}$$

综上所述即得定理2.5.2. 定理2.5.2证毕.

第3章

关于两类广义Ramanujan-Nagell方程的可解性

3.1 关于广义 Ramanujan – Nagell 方程 $x^2+(3m^2+1)=(4m^2+2)^n$ 的可解性

3.1.1 引言及结论

设 **Z**，**N** 分别是全体整数和正整数的集合．设 D 和 k 为正整数且满足 gcd $(2D,\ k)=1$. 则方程(3.1.1)通常被称为广义 Ramanujan – Nagell 方程．

$$x^2+D=k^n,\quad x,n\in \mathbf{N} \tag{3.1.1}$$

在 1918 年，Pólya 利用关于 Diophantine 近似的 Thue 方法证明了当 $x\to\infty$ 时，$P[x^2+D]\to\infty$，其中 $P[x^2+D]$ 是 x^2+D 的最大素数除数．这一结论表示方程(3.1.1)仅有有限多个解$(x,\ n)$. Schinzel 给出了方程(3.1.1)解的有效上界．1960 年，Apéry 证明了如果 k 是一个奇素数，那么方程(3.1.1)最多有两个解$(x,\ n)$. 1995 年，利用关于超越数论的 Baker's 方法，Xu T. J. 和 Le M. H. 证明了如果 $\max\{D,\ k\}>C$，其中 C 是一个有效的可计算的绝对常数，则方程(3.1.1)最多有 $2^{\omega(k)-1}+1$ 个解$(x,\ n)$，其中 $\omega(k)$是 k 的不同素数因子的个数．然后，利用 Lucas 数和 Lehmer 数原因子存在的某些结果，Bugeaud 和 Shorey 表明，条件 $\max\{D,\ k\}>C$ 可以从参考文献[76]的结果中除去．据推测，方程(3.1.1)的解的数量不超过绝对常数(详见参考文献[72]中猜想3.5.1和参考文献[73]).

本节中，我们将针对式(3.1.2)所示情况讨论方程(3.1.1).

$$D=3m^2+1,\ k=4m^2+1,\quad m\in\mathbf{N} \tag{3.1.2}$$

方程(3.1.1)可以写成

$$x^2-(3m^2+1)=(4m^2+1)^n,\quad x,\ n\in\mathbf{N} \tag{3.1.3}$$

根据参考文献[70]中定理1可知，如果 $k=4m^2+1$ 是一个奇素数，那么方程(3.1.3)只有两个解 $(x,\ n)=(m,\ 1)$ 和 $(8m^3+3m,\ 3)$. 利用 Pell 方程的某些性质和初等数论方法，完全证明如下关于方程(3.1.3)的结论，即定理3.1.

定理3.1　对于任意正整数 m，方程(3.1.3)仅有两个解 $(x,\ n)=(m,\ 1)$ 和 $(8m^3+3m,\ 3)$.

3.1.2　几个引理

对于任意正整数 D，设 $h(-4D)$ 表示正定二次型原形式判别式的类数 $-4D$.

引理3.1.1　参阅参考文献[71]中定理11.4.3、定理12.10.1和定理12.14.3.

$$h(-4D)<\frac{4}{\pi}\sqrt{D}\log(2\mathrm{e}\sqrt{D}) \tag{3.1.4}$$

引理3.1.2　参阅参考文献[70]中推论2. 方程(3.1.1)中的所有解 $(x,\ n)$ 都满足

$$n\leqslant\max[5,\ h(-4D)] \tag{3.1.5}$$

设 D' 是一个非平方数的正整数，并设 k' 是一个正整数且满足 $\gcd(D',\ k')=1$.

引理3.1.3　参阅参考文献[31]中第8.1节. 方程(3.1.6)有解 $(u,\ v)$ 且 $v\neq 0$，并且它有唯一的正整数解 $(u_1,\ v_1)$，满足 $u_1+v_1\sqrt{D'}\leqslant u+v\sqrt{D'}$，其中 $(u,\ v)$ 表示方程(3.1.6)的任一正整数解.

$$u^2-D'v^2=1,\quad u,\ v\in\mathbf{Z} \tag{3.1.6}$$

故 $(u_1,\ v_1)$ 被称为方程(3.1.6)的最小解. 方程(3.1.6)的任意解 $(u,\ v)$ 都可以表示为

$$u+v\sqrt{D'}=\lambda_1(u_1+\lambda_2 v_1\sqrt{D'})^r=1,\quad \lambda_1,\ \lambda_2\in\{1,\ -1\},\ r\geqslant 0,\ r\in\mathbf{N} \tag{3.1.7}$$

引理 3.1.4 参阅参考文献[32]中引理 104 和引理 105. 方程(3.1.8)有解(u, v)且$v \neq 0$，其最小的解$(u_1, v_1) = (8m^2+1, 4m)$，并且方程(3.1.8)的每个解$(u, v)$都可以表示为式(3.1.9).

$$u^2-(4m^2+1)v^2=1, \quad u, v \in \mathbf{Z} \tag{3.1.8}$$

$$u+v\sqrt{4m^2+1}=\lambda_1[(8m^2+1)+4m\lambda_2\sqrt{4m^2+1}]^r, \ \lambda_1, \lambda_2 \in \{1, -1\}, \ r \geqslant 0, \ r \in \mathbf{N} \tag{3.1.9}$$

引理 3.1.5 参阅参考文献[32]中引理 119 和引理 120. 如果方程式(3.1.10)有解(X, Y)，则方程(3.1.9)的每个解(X, Y)都可以表示为式(3.1.11).

$$X^2-D'Y^2=-k', \ \gcd(X, Y)=1, \quad X, Y \in \mathbf{Z} \tag{3.1.10}$$

$$X+Y\sqrt{D'}=(X_1+\lambda Y_1\sqrt{D'})(u+v\sqrt{D'}), \quad \lambda \in \{1, -1\} \tag{3.1.11}$$

其中(u, v)是方程(3.1.6)的解，(X_1, Y_1)是方程(3.1.11)的正整数解，且满足

$$X_1 \leqslant \sqrt{\frac{k'(u_1-1)}{2}}, \ Y_1 \leqslant v_1\sqrt{\frac{k'}{2(u_1-1)}} \tag{3.1.12}$$

其中(u_1, v_1)是方程(3.1.6)的最小解.

由$m^2-(4m^2+1)\cdot 1^2=-3m^2-1$，根据引理 3.1.4 和引理 3.1.5，即可得到引理 3.1.6.

引理 3.1.6 方程(3.1.13)有解(X, Y)，并且其每个解(X, Y)都可以表示为式(3.1.14).

$$X^2-(4m^2+1)Y^2=-3m^2-1, \quad X, Y \in \mathbf{Z} \tag{3.1.13}$$

$$X+Y\sqrt{4m^2+1}=(X_1+\lambda Y_1\sqrt{4m^2+1})(u+v\sqrt{4m^2+1}), \quad \lambda \in \{1, -1\} \tag{3.1.14}$$

其中(u, v)是方程(3.1.8)的解，(X_1, Y_1)是方程(3.1.14)的正整数解，且满足

$$X_1 \leqslant 2m\sqrt{3m^2+1}, \ Y_1 \leqslant \sqrt{3m^2+1} \tag{3.1.15}$$

3.1.3 定理 3.1 证明

当$1 \leqslant m \leqslant 3$时，因为$4m^2+1$不是一个奇质数，通过参阅参考文献[70]中的

定理1，即可知定理3.1成立．下面证明 $m\geqslant 4$ 的情形．现假设 (x, n) 是方程(3.1.3)的解，其中

$$(x, n)\neq(m, 1), (8m^3+3m, 3) \tag{3.1.16}$$

显然，通过式(3.1.16)，我们有 $n>1$. 如果 $2\mid n$，从方程(3.1.8)可得 $3m^2+1=[(4m^2+1)^{\frac{n}{2}}]^2-x^2\geqslant(4m^2+1)^{\frac{n}{2}}+x>3m^2+1$ 这一矛盾．因此有

$$2\nmid n, \quad n\geqslant 3 \tag{3.1.17}$$

根据方程(3.1.3)，有 $x^2\equiv(4m^2+1)^n-(3m^2+1)\equiv 1-1\equiv 0 \pmod{m^2}$．这意味着

$$m\mid x \tag{3.1.18}$$

此外，由于 $2\nmid x$，如果 $2\nmid m$，则 $\left(\frac{x}{m}\right)^2\equiv 4n-3 \pmod{m^2}$，如果 $2\mid m$，则有

$$2\nmid \frac{x}{m} \tag{3.1.19}$$

由于 $m\geqslant 6$，通过引理3.1.1和引理3.1.2，有

$$n\leqslant\max\{5, h[-4(3m^2+1)]\}<\frac{4}{\pi}\sqrt{3m^2+1}\log(2e\sqrt{3m^2+1})<$$

$$\frac{2}{\pi}\sqrt{3m^2+1}(3.4+\log(3m^2+1)) \tag{3.1.20}$$

从方程(3.1.3)和式(3.1.17)中可以看出，方程(3.1.13)的解如式(3.1.21)所示．

$$(X, Y)=[x, (4m^2+1)^{(n-1)/2}] \tag{3.1.21}$$

将引理3.1.6应用于式(3.1.21)，有

$$x+(4m^2+1)^{\frac{n-1}{2}}\sqrt{4m^2+1}=(X_1+\lambda Y_1\sqrt{4m^2+1})(u+v\sqrt{4m^2+1}), \ \lambda\in\{1, -1\} \tag{3.1.22}$$

其中 (u, v) 是方程(3.1.8)的解，X_1 和 Y_1 是正整数且满足式(3.1.15)和式(3.1.23)．

$$X_1^2-(4m^2+1)Y_1^2=-3m^2-1, \ \gcd(X_1, Y_1)=1 \tag{3.1.23}$$

根据方程(3.1.22)，可以得到

$$x=X_1u+\lambda(4m^2+1)Y_1v \tag{3.1.24}$$

$$(4m^2+1)^{\frac{n-1}{2}}=X_1v+\lambda Y_1u \tag{3.1.25}$$

因为(u, v)是方程(3.1.8)的解，通过引理3.1.4，从方程(3.1.9)中可得

$$2\nmid u,\ 4m\mid v \tag{3.1.26}$$

于是，通过式(3.1.18)、方程(3.1.24)和式(3.1.26)，我们有

$$m\mid X_1 \tag{3.1.27}$$

$$\frac{x}{m}\equiv\frac{X_1}{m}u\pmod 4 \tag{3.1.28}$$

此外，由于$2\nmid u$，则从式(3.1.19)和方程(3.1.28)中可得

$$2\nmid\frac{X_1}{m} \tag{3.1.29}$$

因此，通过方程(3.1.23)、式(3.1.27)和式(3.1.29)可得

$$Y_1^2-1\equiv(4m^2+1)Y_1^2-1\equiv X_1^2+3m^2\equiv m^2\left[\left(\frac{X_1}{m}\right)^2+3\right]\equiv$$

$$m^2(1+3)\equiv 0\pmod{4m^2} \tag{3.1.30}$$

这意味着$Y_1=1$或$Y_1^2-1\geqslant 4m^2$.

如果$Y_1^2-1\geqslant 4m^2$，从式(3.1.15)可得式(3.1.31)这一矛盾.

$$4m^2+1\leqslant Y_1^2\leqslant 3m^2+1 \tag{3.1.31}$$

所以有$Y_1=1$，并通过方程(3.1.23)知

$$X_1=m,\ Y_1=1 \tag{3.1.32}$$

将式(3.1.32)代入方程(3.1.22)和方程(3.1.25)，可得

$$x+(4m^2+1)^{\frac{n-1}{2}}\sqrt{4m^2+1}=(m+\lambda\sqrt{4m^2+1})(u+v\sqrt{4m^2+1}),\ \lambda\in\{1,\ -1\} \tag{3.1.33}$$

$$(4m^2+1)^{\frac{n-1}{2}}=mv+\lambda u \tag{3.1.34}$$

首先考虑$\lambda=1$的情形.通过方程(3.1.33)，可得

$$x+(4m^2+1)^{\frac{n-1}{2}}\sqrt{4m^2+1}=(m+\sqrt{4m^2+1})(u+v\sqrt{4m^2+1}) \tag{3.1.35}$$

由式(3.1.17)知$n\geqslant 3$时，$x+(4m^2+1)^{\frac{n-1}{2}}\sqrt{4m^2+1}>m+\sqrt{4m^2+1}>0$. 从方程(3.1.24)知$u+v\sqrt{4m^2+1}>1$，其中$(u, v)$是方程(3.1.8)的一个正整数

解. 故而，应用引理 3.1.4 可得

$$u+v\sqrt{4m^2+1}=\left[(8m^2+1)+4m\sqrt{4m^2+1}\right]^r,\ r\in\mathbf{N} \tag{3.1.36}$$

则有

$$u=\sum_{i=0}^{[r/2]}\binom{r}{2i}(8m^2+1)^{r-2i}[16m^2(4m^2+1)]^i \tag{3.1.37}$$

$$v=4m\sum_{i=0}^{[(r-1)/2]}\binom{r}{2i+1}(8m^2+1)^{r-2i-1}[16m^2(4m^2+1)]^i \tag{3.1.38}$$

式中，$[r/2]$和$[(r-1)/2]$分别是 $r/2$ 和$(r-1)/2$ 的整数部分．由于 $8m^2+1\equiv -1(\bmod 4m^2+1)$，可得

$$u\equiv(8m^2+1)^r\equiv(-1)^r(\bmod 4m^2+1) \tag{3.1.39}$$

$$v\equiv 4mr(8m^2+1)^{r-1}\equiv(-1)^{r-1}4mr(\bmod 4m^2+1) \tag{3.1.40}$$

此外，由 $\lambda=1$ 通过式(3.1.17)、方程(3.1.34)、式(3.1.39)和式(3.1.40)可得

$$0\equiv(4m^2+1)^{\frac{n-1}{2}}\equiv mv+u\equiv(-1)^{r-1}4m^2r+(-1)^r\equiv(-1)^r(r+1)(\bmod 4m^2+1) \tag{3.1.41}$$

这意味着

$$r+1\geqslant 4m^2+1 \tag{3.1.42}$$

通过方程(3.1.3)、方程(3.1.35)、方程(3.1.36)和式(3.1.42)有

$$2(4m^2+1)^{\frac{n}{2}}>x+(4m^2+1)^{\frac{n-1}{2}}\sqrt{4m^2+1}>2(u+v\sqrt{4m^2+1})=$$

$$2[(8m^2+1)+4m\sqrt{4m^2-1}]^r>2(4m^2+1)^r\geqslant 2(4m^2+1)^{4m^2} \tag{3.1.43}$$

式中，有式(3.1.44)成立.

$$n>8m^2 \tag{3.1.44}$$

由式(3.1.20)和式(3.1.44)可得

$$8m^2<\frac{2}{\pi}\sqrt{3m^2+1}[3.4+\log(3m^2+1)] \tag{3.1.45}$$

但是，因为 $m\geqslant 4$，式(3.1.45)是不可能成立的．

接下来，考虑 $\lambda=-1$ 的情形．通过方程(3.1.33)和方程(3.1.34)，可得

$$x+(4m^2+1)^{\frac{n-1}{2}}\sqrt{4m^2+1}=(m-\sqrt{4m^2+1})(u+v\sqrt{4m^2+1}) \quad (3.1.46)$$

$$(4m^2+1)^{\frac{n-1}{2}}=mv-u \quad (3.1.47)$$

由于 $m-\sqrt{4m^2+1}<0$ 和 $x+(4m^2+1)^{\frac{n-1}{2}}\sqrt{4m^2+1}>-m+\sqrt{4m^2+1}>0$，可以从方程(3.1.46)得 $u+v\sqrt{4m^2+1}<-1$，其中(u,v)是方程(3.1.8)的一个负整数解．因此，利用引理3.1.4，可得

$$u+v\sqrt{4m^2+1}=-[(8m^2+1)+4m\sqrt{4m^2+1}]^r,\quad r\in\mathbf{N} \quad (3.1.48)$$

类似于式(3.1.39)和式(3.1.41)，可以从方程(3.1.47)和方程(3.1.48)中得到

$$u\equiv(-1)^{r+1}(\bmod 4m^2+1),\ v\equiv(-1)^r 4mr(\bmod 4m^2+1) \quad (3.1.49)$$

$$r-1\equiv 0(\bmod 4m^2+1) \quad (3.1.50)$$

如果 $r=1$，从方程(3.1.46)和方程(3.1.48)可得 $x+(4m^2+1)^{\frac{n-1}{2}}\sqrt{4m^2+1}=-(m-\sqrt{4m^2+1})[(8m^2+1)+4m\sqrt{4m^2+1}]$和$(x,n)=(8m^3+3m,3)$，这与假设(3.1.16)相矛盾．所以有 $r>1$，通过式(3.1.39)和式(3.1.40)可得

$$r\geqslant 4m^2+2 \quad (3.1.51)$$

进而，类似于式(3.1.44)，从方程(3.1.46)、方程(3.1.48)和式(3.1.51)可得

$$n\geqslant 8m^2+4 \quad (3.1.52)$$

而且结合式(3.1.20)和式(3.1.52)产生了一个形如式(3.1.45)的矛盾．因此方程(3.1.3)没有解(x,n)．定理3.1得证．

3.2 关于广义 Ramanujan – Nagell 方程 $x^2+(2k-1)^m=k^n$ 的可解性

3.2.1 引言及结论

设 D、k 是满足 $\min\{D,k\}>1$ 且 $\gcd(D,k)=1$ 的正整数，$\mathbf{N}$ 是全体正整数的集

合．由于方程(3.2.1)是著名的如式(3.2.2)所示的 Ramanujan – Nagell 方程的一类指数形式的推广，所以该方程称为广义 Ramanujan – Nagell 方程(见参考文献[77])．

$$x^2+D^m=k^n,\quad x,\ m,\ n\in\mathbf{N} \tag{3.2.1}$$

$$x^2+7=2^n,\quad x,\ n\in\mathbf{N} \tag{3.2.2}$$

Terai 和 Deng 分别于 2014 年和 2015 年讨论了方程(3.2.1)在 $D=2k-1$ 时的情况，此时方程可表示为

$$x^2+(2k-1)^m=k^n,\quad x,\ m,\ n\in\mathbf{N} \tag{3.2.3}$$

显然，对于任意的 k，方程(3.2.3)都有解$(x,\ m,\ n)=(k-1,\ 1,\ 2)$．因此，根据 Terai 关于方程(3.2.1)的一个早期猜想，对于方程(3.2.3)有猜想 3.2.1.

猜想 3.2.1 方程(3.2.3)仅有解$(x,\ m,\ n)=(k-1,\ 1,\ 2)$.

这是一个迄今为止尚未解决的问题．由参考文献[78]的结果可知：当奇数 $k<30$ 且 $2k-1$ 是奇素数或奇素数方幂时，方程(3.2.3)仅有解$(x,\ m,\ n)=(k-1,\ 1,\ 2)$．由此可知，当奇数 $k<30$ 且 $k\neq 11,\ 17,\ 23$ 或 29 时，猜想 3.2.1 成立．

已知对于给定的正偶数 a，存在唯一的正整数 r 适合式(3.2.4)，如此的 r 称为素数 2 在正偶数 a 中的次数，记作 $v_2(a)$.

$$2^r \parallel a(\text{即 } 2^r\mid a \text{ 且 } 2^{r+1}\nmid a) \tag{3.2.4}$$

本节将对一般的奇数 k 讨论方程(3.2.3)的可解性，并运用初等数论方法证明了定理 3.2.1.

定理 3.2.1 当奇数 k 满足下列条件之一时，方程(3.2.3)的解$(x,\ m,\ n)$都满足 $2\mid a$.

(1)$2k-1$ 中存在适合 $d\equiv\pm3(\bmod 8)$的约数 d.

(2)$v_2(k-1)$是奇数．

根据定理 3.2.1 以及参考文献[78]的结果，可以推知当奇数 $k<30$ 时猜想 3.2.1 成立，即证明定理 3.2.2.

定理 3.2.2 当奇数 $k<30$ 时，方程(3.2.3)仅有解$(x,\ m,\ n)=(k-1,\ 1,\ 2)$.

3.2.2 定理 3.2.1 的证明

首先，证明定理 3.2.1 条件(1)下的情形．设$(x,\ m,\ n)$是方程(3.2.3)的一

组适合 $2\nmid n$ 的解．由方程(3.2.3)可知，对于 $2k-1$ 的约数 d，同余式(3.2.5)都有解．

$$X^2 \equiv k^n (\bmod d) \tag{3.2.5}$$

因为 $\gcd(k, 2k-1)=1$，所以 $\gcd(k, d)=1$，故由参考文献[53]的定理1.8.1可知存在整数 c 可使 $ck\equiv 1(\bmod d)$．又因为 $2\nmid n$，于是由式(3.2.5)可得

$$\left(c^{\frac{n-1}{2}}X\right)^2 \equiv c^{n-1}X^2 \equiv c^{n-1}k^n \equiv k(\bmod d) \tag{3.2.6}$$

因此可知同余式(3.2.7)有解．

$$Y^2 \equiv k^n (\bmod d) \tag{3.2.7}$$

设 $\left(\frac{*}{*}\right)$ 是 Jacobi 符号，因为 $2k-1$ 是正奇数，所以 d 也是正奇数．并根据 Jacobi 符号的定义，由式(3.2.7)可得

$$\left(\frac{k}{d}\right)=1 \tag{3.2.8}$$

同时，因为 $d\mid 2k-1$，所以有 $2k\equiv 1(\bmod d)$，于是根据 Jacobi 符号的计算规则(参阅参考文献[53]第3.6节)可知

$$1=\left(\frac{1}{d}\right)=\left(\frac{2k}{d}\right)=\left(\frac{2}{d}\right)\left(\frac{k}{d}\right) \tag{3.2.9}$$

将式(3.2.8)代入式(3.2.9)即得

$$\left(\frac{2}{d}\right)=1 \tag{3.2.10}$$

因此，根据参考文献[53]定理3.6.3，由式(3.2.10)可知：如果方程(3.2.3)有解 (x, m, n) 适合 $2\nmid n$，则 $2k-1$ 的约数 d 都满足 $d\equiv \pm 3(\bmod 8)$ 时，必有 $2\mid n$，即定理3.2.1的条件(1)正确．

下面证明定理3.2.1条件(2)下的情形．因为 $k\equiv 2k-1\equiv [\bmod (k-1)]$，所以方程(3.2.3)的解 (x, m, n) 都满足

$$x^2 \equiv k^n-(2k-1)^m \equiv 1-1 \equiv 0[\bmod (k-1)] \tag{3.2.11}$$

由式(3.2.11)可知式(3.2.12)成立，即 $\frac{x^2}{k-1}$ 是正整数．

$$k-1 \mid x^2 \tag{3.2.12}$$

设 $r=v_2(k-1)$，$s=v_2(x)$，由式(3.2.12)可知

$$r \leqslant 2s \tag{3.2.13}$$

当 $v_2(k-1)$ 是奇数时，由式(3.2.13)可知 $r<2s$，所以此时 $\frac{x^2}{k-1}$ 必为偶数．由方程(3.2.3)可得

$$\frac{x^2}{k-1}=\frac{1}{k-1}[k^n-(2k-1^m)]=\frac{1}{k-1}\{[1+(k-1)]^n-[1+2(k-1)]^m\}=$$

$$\sum_{i=1}^{n}\binom{n}{i}(k-1)^{i-1}-\sum_{j=1}^{m}\binom{m}{j}2^j(k-1)^{j-1} \tag{3.2.14}$$

由式(3.2.14)可知

$$\frac{x^2}{k-1} \equiv n-2m[\bmod(k-1)] \tag{3.2.15}$$

由于 $k-1$ 是偶数，而且已知当 $v_2(k-1)$ 是奇数时，$\frac{x^2}{k-1}$ 是偶数，所以由式(3.2.15)可知，此时 n 必为偶数，因此定理 3.2.1 的条件(2)正确．至此，定理 3.2.1 证毕．

3.2.3　定理 3.2.2 的证明

定理 3.2.2 的证明要用到引理 3.2.1.

引理 3.2.1　如果(x, m, n)是方程(3.2.3)的一组适合 $2 \mid n$ 以及$(x, m, n) \neq (k-1, 1, 2)$的解，那么必有

$$2k^{\frac{n}{2}}=f^m+g^m,\ 2k-1=fg,\ 1<f<2k-1,\ \gcd(f, g)=1,\quad f, g \in \mathbf{N} \tag{3.2.16}$$

证明　因为 $\gcd(k, 2k-1)=1$，所以由式(3.2.3)可知 x、k 和 $2k-1$ 是两两互素的正整数．因此，当 $2 \mid n$ 时，有式(3.2.17)和式(3.2.18).

$$k^n-x^2=(k^{\frac{n}{2}}-x)(k^{\frac{n}{2}}+x) \tag{3.2.17}$$

$$\gcd(k^{\frac{n}{2}}-x, k^{\frac{n}{2}}+x)=1 \tag{3.2.18}$$

于是由方程(3.2.3)可得

$$k^{\frac{n}{2}}-x=f^m,\ k^{\frac{n}{2}}+x=g^m,\ 2k-1=fg,\ f<g,\ \gcd(f,\ g)=1,\ f,\ g\in\mathbf{N} \tag{3.2.19}$$

消去式(3.2.19)中 x 即得

$$2k^{\frac{n}{2}}=f^m+g^m \tag{3.2.20}$$

当 $f=1$ 时，由式(3.2.19)中第 3 个等式可知 $g=2k-1$. 代入式(3.2.20)即得

$$1+(2k-1)^m=2k^{\frac{n}{2}} \tag{3.2.21}$$

由式(3.2.21)可知

$$0\equiv 2k^{\frac{n}{2}}\equiv 1+(2k-1)^m\equiv 1+(-1)^m \pmod{k} \tag{3.2.22}$$

因为 k 是大于 1 的奇数，所以由式(3.2.22)可知此时 m 必为奇数.

如果 $m>1$，那么 $m\geqslant 3$. 因为 $2k-1>k$，故由式(3.2.21)可知 $n\geqslant 6$. 同时，由式(3.2.21)可得

$$\sum_{j=1}^{m}(-1)^{j-1}\binom{m}{j}2^{j-1}k^{j-1}=k^{\frac{n}{2}-1} \tag{3.2.23}$$

因为$\frac{n}{2}-1>1$，所以由式(3.2.23)可知

$$k\mid m \tag{3.2.24}$$

设 p 是 k 的素因数. 因为 k 是奇数，所以 p 都是奇素数. 又设

$$p^r\parallel k,\ p^s\parallel m,\ p^{t_j}\parallel j,\quad j=2,\ 3,\ \cdots,\ m \tag{3.2.25}$$

由式(3.2.24)可知 r 和 s 是适合 $r\leqslant s$ 的正整数. 又因为 $p\geqslant 3$，所以 $t_i(j=2,3,\cdots,m)$是适合式(3.2.26)的非负整数.

$$t_2=0,\ t_j\leqslant\frac{\log j}{\log p}<j-1,\quad j=3,\ 4,\ \cdots,\ m \tag{3.2.26}$$

因为有式(3.2.27)，其中$\binom{m-1}{j-1}(j=2,\ 3,\ \cdots,\ m)$都是正整数，故由式(3.2.25)~式(3.2.27)可知式(3.2.28).

$$\binom{m}{j}=m\binom{m-1}{j-1}\frac{1}{j},\quad j=3,\ 4,\ \cdots,\ m \tag{3.2.27}$$

$$\binom{m}{j}2^j k^{j-1} \equiv m\binom{m-1}{j-1}2^j\frac{k^{j-1}}{j} \equiv 0(\bmod p^{s+1}),\quad j=2,3,\cdots,m \tag{3.2.28}$$

因此，由式(3.2.25)和式(3.2.28)可得

$$p^s \mid \sum_{j=1}^{m}(-1)^{j-1}\binom{m}{j}2^j k^{j-1} \tag{3.2.29}$$

比较式(3.2.23)和式(3.2.29)可知

$$s=\left(\frac{n}{2}-1\right)r \tag{3.2.30}$$

当 p 过 k 的所有素因数时，由式(3.2.25)和式(3.2.30)即得

$$m \equiv 0(\bmod k^{\frac{n}{2}-1}) \tag{3.2.31}$$

于是有

$$m \geqslant k^{\frac{n}{2}-1} \tag{3.2.32}$$

然而，因为 $k \geqslant 3$，所以由式(3.2.21)和式(3.2.32)可得式(3.2.33)与式(3.2.34)矛盾.

$$k^{\frac{n}{2}+1} > 2k^{\frac{n}{2}} > (2k-1)^m > k^m \tag{3.2.33}$$

$$\frac{n}{2}+1 > m \geqslant k^{\frac{n}{2}-1} \geqslant 3^{\frac{n}{2}-1} = (1+2)^{\frac{n}{2}-1} > 1+\binom{\frac{n}{2}-1}{1}2 = n-1 = \frac{n}{2}+\left(\frac{n}{2}-1\right) > \frac{n}{2}+1 \tag{3.2.34}$$

因此，式(3.2.21)中 m 仅可能等于1. 因为当 $m=1$ 且 $f=1$ 时，由式(3.2.21)可得 $(x, m, n)=(k-1, 1, 2)$，所以当 $(x, m, n)\neq(k-1, 1, 2)$ 时，必有 $f>1$. 于是，由式(3.2.19)和式(3.2.20)即得式(3.2.16). 引理3.2.1证毕.

引理3.2.2　方程(3.2.35)无解 (X, Y, Z, n).

$$X^2+Y^4=Z^n,\ \gcd(X, Y)=1 n>3,\quad X, Y, Z, n \in \mathbf{N} \tag{3.2.35}$$

证明　可参阅参考文献[81]和[82].

定理3.2.2的证明如下. 根据参考文献[78]的结果可知只须讨论 $k \in \{11, 17, 23, 29\}$ 时的情况. 由于此时 $2k-1$ 有适合 $d \equiv \pm 3(\bmod 8)$ 的约数 $d=3$，所以

由定理 3.2.1 可知方程(3.2.3)在这些情况下的解(x, m, n)都满足$2\mid n$.

设(x, m, n)是方程(3.2.3)的一组适合$2\mid n$以及$(x, m, n)\neq(k-1, 1, 2)$的解. 当$k=11$时, 因为$2k-1=21=3\times7$, 所以适合式(3.2.16)中第二个等式的正整数f和g仅有$(f, g)=(3, 7)$. 因此, 根据引理 3.2.1 可知该解满足

$$3^m+7^m=2\cdot11^{\frac{n}{2}} \tag{3.2.36}$$

由于 11 是适合$11\equiv3(\bmod 4)$的奇素数, 且当m是偶数时, 3^m+7^m的奇素因数q都满足$q\equiv1(\bmod 4)$, 所以式(3.2.36)中的m必为奇数. 然而, 当m是奇数时, 因为$(3+7)\mid(3^m+7^m)$, 所以由式(3.2.36)可得$5\mid2\cdot11^{\frac{n}{2}}$这一矛盾, 故不可能.

同样, 当$k=23$时, 因为$2k-1=3^2\times5$, 所以适合式(3.2.16)中第二个等式的正整数f和g仅有$(f, g)=(5, 9)$. 因此, 根据引理 3.2.1 可得

$$5^m+9^m=2\cdot23^{\frac{n}{2}} \tag{3.2.37}$$

又因为 23 是适合$23\equiv3(\bmod 4)$的奇素数, 故由式(3.2.37)可知m是奇数. 然而, 因为当m是奇数时有$7\mid(5^m+9^m)$, 所以式(3.2.37)不成立.

当$k=17$时, 因为$2k-1=3\times11$, 所以由引理 3.2.1 可得$(f, g)=(3, 11)$及式(3.2.38).

$$3^m+11^m=2\cdot17^{\frac{n}{2}} \tag{3.2.38}$$

如果m是奇数, 因为$7\parallel(3^m+11^m)$, 所以式(3.2.38)不成立. 如果m是适合$2\mid m$的偶数, 那么因为$3^2+11^2=2\times5\times13$且$(3^2+11^2)\mid(3^m+11^m)$, 所以式(3.2.38)也不成立. 如果$m$是适合$4\mid m$的偶数, 那么由方程(3.2.3)可知此时方程(3.2.39)成立.

$$(X, Y, Z, n)=\left[x, (2k-1)^{\frac{m}{4}}, k, n\right] \tag{3.2.39}$$

但是根据引理 3.2.2 可知这是不可能的.

当$k=29$时, 因为$2k-1=3\times19$, 所以由引理 3.2.1 可得$(f, g)=(3, 19)$以及(3.2.40).

$$3^m+19^m=2\cdot29^{\frac{n}{2}} \tag{3.2.40}$$

如果m是奇数, 那么因为$11\mid(3^m+19^m)$, 所以式(3.2.40)不成立. 如果

m 是偶数，则因 $3^m+19^m=9^{\frac{m}{2}}+1^{\frac{m}{2}}\equiv(-1)^{\frac{m}{2}}+1\pmod{5}$，故由式(3.2.40)可知 $4\mid m$ 及 $2\cdot 29^{\frac{n}{2}}\equiv 2\pmod{5}$．因此 $\frac{n}{2}$ 必为偶数．然而，此时由式(3.2.40)可得 $1=\left(\frac{2}{3}\right)=-1$ 这一矛盾，其中 $\left(\frac{2}{3}\right)$ 是 Legender 符号，故不可能．

综上所述，当 $k\in\{11,17,23,29\}$ 时，方程(3.2.3)仅有解 $(x,m,n)=(k-1,1,2)$．定理3.2.2证毕．

第4章

几类指数Diophantine方程及其正整数解

通常未定元出现在指数上的不定方程称为指数不定方程．本章讨论一类指数 Diophantine 方程组及其正整数解的问题．

4.1 指数 Diophantine 方程 $2^x+p^y=q^z$，$x, y, z\in\mathbf{N}$ 的可解性

4.1.1 引言及结论

设 $\mathbf{Z}$、$\mathbf{N}$ 分别是全体整数和正整数的集合．设 p 和 q 表示不同的奇素数，那么方程(4.1.1)是一类基本而又重要的纯指数 Diophantine 方程(参阅参考文献[83])．

$$2^x+p^y=q^z,\quad x, y, z\in\mathbf{N} \tag{4.1.1}$$

对于限定参数 p 和 q 的某些取值范围，有些学者已经给出了以下结论，如 Nagell 在参考文献[84]中对于 $\max\{p, q\}\leqslant 7$，Hadano 在参考文献[85]中对于 $11\leqslant\max\{p, q\}\leqslant 17$，孙琦和周小明在参考文献[86]中对于 $\max\{p, q\}=19$，杨晓卓在参考文献[87]中对于 $\max\{p, q\}=23$，以及曹珍富在参考文献[88]中对于 $29\leqslant\max\{p, q\}\leqslant 97$ 分别研究了方程(4.1.1)解的情形．对于一般的 p 和 q，曹珍富在参考文献[5]中曾经提出如下猜想．

猜想 4.1　对于 $\max\{p, q\}>7$ 时，方程(4.1.1)最多只有一组解(x, y, z).

从已有的结果来看，这个猜想在 $\max\{p, q\}\leqslant 97$ 时是正确的，但是在一般情形下这仍是一个尚未解决的问题.

2012 年，管训贵在参考文献[89]中讨论了方程(4.1.1)在 p 和 q 是孪生素数时的求解问题，并证明了：如果 $p>3$，$p\not\equiv 17 \pmod{24}$ 且满足式(4.1.2)时，方程(4.1.1)仅有解$(x, y, z)=(1, 1, 1)$.

$$p+2=q \tag{4.1.2}$$

本节将彻底解决这一情形.

定理 4.1.1　如果 $p>3$，且 p 满足条件(4.1.2)，则方程(4.1.1)仅有解$(x, y, z)=(1, 1, 1)$.

从定理 4.1.1 可知参考文献[5]中提出的猜想在 p 和 q 满足条件(4.1.2)的情形下是正确的.

4.1.2　几个引理

在证明定理之前，先介绍几个引理.

引理 4.1.1　对于正整数 n，如果 2^n-1 是素数，那么 n 必为素数.

证明　可参阅参考文献[53]的定理 1.10.1.

引理 4.1.2　对于正整数 n，如果 2^n+1 是素数，那么 $n=2^m$，其中 m 是非负整数.

证明　可参阅参考文献[53]的 1.10.2.

引理 4.1.3　方程(4.1.3)仅有解$(X, Y, m, n)=(5, 3, 1, 3)$，$(7, 3, 5, 4)$和$(11, 5, 2, 3)$.

$$X^2+2^m=Y^n,\quad X, Y, m, n\in\mathbf{N},\ \gcd(X, Y)=1,\ n>2 \tag{4.1.3}$$

证明　可参阅参考文献[90]和[91].

引理 4.1.4　方程(4.1.4)仅有解$(X, Y, m, n)=(3, 2, 2, 3)$.

$$X^m+Y^n=1,\quad X, Y, m, n\in\mathbf{N},\ \min\{X, Y, m, n\}>1 \tag{4.1.4}$$

证明　可参阅参考文献[92].

引理 4.1.5 方程(4.1.1)仅有解$(p, q, x, y, z) = (3, 5, 4, 2, 2)$，$(5, 3, 2, 1, 3)$，$(7, 3, 2, 5, 4)$和$(11, 5, 2, 2, 3)$适合$2 \mid y$以及$z \geqslant 2$.

证明 设(x, y, z)是方程(4.1.1)的一组适合$2 \mid y$以及$z \geqslant 2$的解.

当$z = 2$时，由方程(4.1.1)可知

$$q + p^{\frac{y}{2}} = 2^{x-1}, \quad q - p^{\frac{y}{2}} = 2, \quad x \geqslant 3 \tag{4.1.5}$$

由方程(4.1.5)可得

$$q = 2^{x-2} + 1 \tag{4.1.6}$$

$$p^{\frac{y}{2}} = 2^{x-2} - 1 \tag{4.1.7}$$

根据引理 4.1.4，由方程(4.1.7)可知$y = 2$以及方程(4.1.8).

$$p = 2^{x-2} - 1 \tag{4.1.8}$$

又因p是奇素数，所以根据引理 4.1.1，由方程(4.1.8)可知$x = 4$或$x - 2$是奇素数. 当$x = 4$时，由方程(4.1.6)和方程(4.1.8)可得$(p, q, x, y, z) = (3, 5, 4, 2, 2)$. 当$x - 2$是奇素数时，根据引理 4.1.2 可知方程(4.1.6)中的q不是奇素数，故不可能.

当$z > 2$时，由方程(4.1.1)可知此时方程(4.1.3)有解

$$(X, Y, m, n) = \left(p^{\frac{y}{2}}, q, x, z\right) \tag{4.1.9}$$

因此，根据引理 4.1.3，由式(4.1.9)可知方程(4.1.1)仅有解$(p, q, x, y, z) = (5, 3, 2, 1, 3)$，$(7, 3, 2, 5, 4)$和$(11, 5, 2, 2, 3)$适合此条件. 引理 4.1.5 证毕.

引理 4.1.6 设D_1、D_2是适合$\min\{D_1, D_2\} > 1$以及$\gcd\{\min\{D_1, D_2\} = 1\}$的正整数，又设$q$是适合$q \nmid D_1 D_2$的奇素数，如果方程(4.1.10)有解$(X, Y, Z)$，那么它有唯一解$(X_1, Y_1, Z_1)$满足$X_1 > 0$，$Y_1 > 0$以及$Z_1 \leqslant Z$，其中$Z$通过该方程的所有解$(X, Y, Z)$.

$$D_1 X^2 + D_2 Y^2 = p^z, \quad X, Y, Z \in \mathbf{Z}, \ \gcd(X, Y) = 1, \ Z > 0 \tag{4.1.10}$$

如此的(X_1, Y_1, Z_1)称为方程(4.1.10)的最小解. 方程(4.1.10)的任何一组解(X, Y, Z)都可以表示成

$$Z = Z_1 t, \quad t \in \mathbf{N},\ 2 \nmid t \tag{4.1.11}$$

$$X\sqrt{D_1} + Y\sqrt{-D_2} = \lambda_1 (X_1\sqrt{D_1} + \lambda_2 Y_1 \sqrt{-D_2})^t, \quad \lambda_1,\ \lambda_2 \in \{\pm 1\} \tag{4.1.12}$$

证明　可参阅参考文献[93]的引理 1.

4.1.3　定理 4.1.1 的证明

由方程(4.1.2)可知方程(4.1.1)仅有解$(x, y, z) = (1, 1, 1)$适合$z = 1$. 接下来证明该方程在$p > 3$且q满足式(4.1.2)时没有适合$z > 1$的解(x, y, z).

设(x, y, z)是方程(4.1.1)的一组适合$z > 1$的解. 根据引理 4.1.5 可知该解满足

$$2 \nmid y \tag{4.1.13}$$

如果$2 \mid x$且$2 \mid z$, 那么因为p是奇素数, 所以由方程(4.1.1)可知

$$q^{\frac{z}{2}} + 2^{\frac{x}{2}} = p^y,\ q^{\frac{z}{2}} - 2^{\frac{x}{2}} = 1 \tag{4.1.14}$$

由方程(4.1.14)可得

$$2q^{\frac{z}{2}} = p^y + 1 \tag{4.1.15}$$

$$2^{\frac{x}{2}+1} = p^y - 1 \tag{4.1.16}$$

根据引理 4.1.4, 由式(4.1.13)和方程(4.1.16)可知$y = 1$. 所以由方程(4.1.2)和方程(4.1.15)可得$2q^{\frac{z}{2}} = p^y + 1 = p + 1 = q - 1 < q$这一矛盾, 由此可知$x$与$z$中必有一数是奇数.

如果$2 \mid x$, 那么从前文的分析可知y与z都是奇数. 然而, 此时由方程(4.1.1)和方程(4.1.2)可得$0 \equiv 2^x \equiv q^z - p^y \equiv 2 \pmod 4$这一矛盾, 故必有

$$2 \nmid x \tag{4.1.17}$$

由方程(4.1.1)、式(4.1.11)和式(4.1.15)可知方程(4.1.18)有解, 如式(4.1.19)所示.

$$2X^2 + pY^2 = q^Z, \quad X,\ Y,\ Z \in \mathbf{Z},\ \gcd(X, Y) = 1,\ Z > 0 \tag{4.1.18}$$

$$(X, Y, Z) = \left(2^{\frac{x-1}{2}},\ p^{\frac{y-1}{2}},\ z\right) \tag{4.1.19}$$

因为由方程(4.1.2)可知$(X, Y, Z)=(1, 1, 1)$也是方程(4.1.18)的解，所以根据引理4.1.6中的定义可知此解是该方程的最小解，即

$$(X_1, Y_1, Z_1)=(1, 1, 1) \tag{4.1.20}$$

因此，根据引理4.1.6，由式(4.1.19)和式(4.1.20)可得

$$2 \nmid z \tag{4.1.21}$$

由方程(4.1.1)、方程(4.1.2)、式(4.1.13)和式(4.1.21)可知

$$2^x \equiv q^z - p^y \equiv q - p \equiv 2 \pmod 4 \tag{4.1.22}$$

故有

$$x=1 \tag{4.1.23}$$

又因$z>1$，所以由方程(4.1.1)、方程(4.1.2)和式(4.1.23)可知

$$y>1 \tag{4.1.24}$$

根据引理4.1.6，由式(4.1.19)~式(4.1.21)和式(4.1.23)可得

$$\sqrt{2}+p^{\frac{y-1}{2}}\sqrt{-p}=\lambda_1(\sqrt{2}+\lambda_2\sqrt{-p})^z, \quad \lambda_1, \lambda_2 \in \{\pm 1\} \tag{4.1.25}$$

由方程(4.1.25)可知

$$p^{\frac{y-1}{2}}=\lambda_1\lambda_2\sum_{i=0}^{\frac{z-1}{2}}(-1)^i\binom{z}{2i+1}2^{\frac{z-1}{2}-i}p^i \tag{4.1.26}$$

又由式(4.1.24)和方程(4.1.26)可知$p \mid z$. 设

$$p^r \parallel z, \ r \in \mathbf{N}, \ p^{s_i} \parallel (2i+1), \ s_i \in \mathbf{Z}, \ s_i \geqslant 0, \ i=1, 2, \cdots, \frac{z-1}{2} \tag{4.1.27}$$

由于$p \geqslant 5$，故由式(4.1.27)可知

$$s_i \leqslant \frac{\log(2i+1)}{\log p} \leqslant \frac{\log(2i+1)}{\log 5}<i, \quad i=1, 2, \cdots, \frac{z-1}{2} \tag{4.1.28}$$

因此，根据二项式系数的定义，由式(4.1.27)和式(4.1.28)可知

$$(-1)^i\binom{z}{2i+1}2^{\frac{z-1}{2}-i}p^i \equiv (-1)^i z\binom{z-1}{2i}\frac{2^{\frac{i-1}{2}-i}p^i}{2i+1} \equiv 0 \pmod{p^{r+1}}, \ i=1, 2, \cdots, \frac{z-1}{2} \tag{4.1.29}$$

又由式(4.1.27)和式(4.1.29)可得

$$p^r \parallel \sum_{i=0}^{\frac{z-1}{2}} (-1)^i \binom{z}{2i+1} 2^{\frac{z-1}{2}-i} p^i \tag{4.1.30}$$

于是由式(4.1.26)和式(4.1.30)即得

$$r=\frac{y-1}{2} \tag{4.1.31}$$

因为 $p \geqslant 5$，所以由式(4.1.24)、式(4.1.27)和方程(4.1.31)可知

$$z \geqslant p^r \geqslant p^{\frac{y-1}{2}} \geqslant 5^{\frac{y-1}{2}} > y \tag{4.1.32}$$

因此，由方程(4.1.1)、方程(4.1.2)、式(4.1.23)和式(4.1.32)可得式(4.1.33)这一矛盾.

$$2^x + p^y = 2 + p^y = q^z = (p+2)^z > (p+2)^y > 2 + p^y \tag{4.1.33}$$

由此可知，$p>3$ 和 q 适合方程(4.1.2)时，方程(4.1.1)仅有解$(x, y, z)=(1, 1, 1)$. 定理4.1.1 证毕.

4.2　一个关于 Jeśmanowicz 猜想例外解的注记

4.2.1　引言及结论

设 **Z**、**N**、**Q** 分别是所有整数、正整数和有理数的集合. 设 m、n 是给定的正整数且 $m>n$, $\gcd(m, n)=1$ 和 $mn \equiv 0 \pmod 2$. 然后有

$$(m^2-n^2)^2+(2mn)^2=(m^2+n^2)^2, \quad \gcd(m^2-n^2, 2mn)=1 \tag{4.2.1}$$

三元数组$(m^2-n^2, 2mn, m^2+n^2)$被称为本原 Pythagorean 三元组. 1956 年，Jeśmanowicz 提出了一个猜想：方程(4.2.2)只有正整数解$(x, y, z)=(2, 2, 2)$.

$$(m^2-n^2)^x+(2mn)^y=(m^2+n^2)^z, \quad x, y, z \in \mathbf{N} \tag{4.2.2}$$

Jeśmanowicz 猜想在许多特殊情况下被证明是正确的(见参考文献[98]第2.1节). 但是，总的来说，这个问题还没有解决.

除$(x, y, z)=(2, 2, 2)$外，方程(4.2.2)的解称为例外解．显然，Jeśmanowicz 猜想可以表述为方程(4.2.2)没有例外解．本节使用 Baker 的方法证明了定理 4.2.1.

定理 4.2.1 如果式(4.2.3)成立，那么当$x\equiv y\equiv 0 \pmod 2$时，方程(4.2.2)没有例外解$(x, y, z)$.

$$m>\max\{10^{127550}, n^{5127}, n^{(\log n)^2}\} \tag{4.2.3}$$

推论 4.2 如果 m、n 满足条件(4.2.3)和 $m\equiv 3 \pmod 4$ 或者 $n\equiv 3 \pmod 4$，则 Jeśmanowicz 猜想是正确的.

需要说明的是，使用与定理 4.2.1 的证明中相同的方法，并且采用比本书所引用的关于两个对数的线性形式的下界更精确的下界，条件(4.2.3)可以得到极大改进.

4.2.2 几个引理

设 l 为满足 $l>1$ 的正整数.

引理 4.2.1 参阅参考文献[31]第 15.2 节．方程(4.2.4)的每一个解(X, Y, Z)可以表示成式(4.2.5)及式(4.2.6).

$$X^2+Y^2=Z^l,\ \gcd(X, Y)=1,\ Y\equiv 0 \pmod 2,\ l\equiv 0 \pmod 2,\quad X, Y, Z\in\mathbf{N} \tag{4.2.4}$$

$$Z=f^2+g^2,\ \gcd(f, g)=1,\ fg\equiv 0 \pmod 2,\quad f, g\in\mathbf{N} \tag{4.2.5}$$

$$X+Y\sqrt{-1}=\lambda_1(f+\lambda_2 g\sqrt{-1})^l,\quad \lambda_1, \lambda_2\in\{1, -1\} \tag{4.2.6}$$

引理 4.2.2 参阅参考文献[82]．如果 $l\geqslant 4$，那么方程(4.2.7)没有解(X, Y, Z).

$$X^4+Y^2=Z^l,\ \gcd(X, Y)=1,\quad X, Y, Z\in\mathbf{N} \tag{4.2.7}$$

引理 4.2.3 参阅参考文献[59]．如果 $l\geqslant 4$，那么方程(4.2.8)没有解(X, Y, Z).

$$X^l+Y^l=2Z^2,\ \gcd(X, Y)=1,\ X>Y,\quad X, Y, Z\in\mathbf{N} \tag{4.2.8}$$

引理 4.2.4 参阅参考文献[94]的定理 2.1．设 A、B、C 是给定的互素的正整数，且满足 $\min\{A, B, C\}>1$. 方程(4.2.9)所有的解(X, Y, Z)满足 $\max\{X, Y, Z\}<6500\left\{\log\max\{A, B, C\}\right\}^3$.

$$A^X+B^Y=C^Z, \quad X, Y, Z\in\mathbf{N} \tag{4.2.9}$$

引理 4.2.5　设 θ 是一个复代数数，且 $[Q(\theta): Q]=2$，$|\theta|=1$，θ 不是单位根．设 b_1、b_2 是正整数，$\Lambda=b_1\log\theta-b_2\pi\sqrt{-1}$，$\log\theta$ 是 θ 的对数的主值．则有

$$\log|\Lambda|\geqslant-8.87AB^2 \tag{4.2.10}$$

其中

$$A=\max\{20, 10.98|\log\theta|+h(\theta)\}, \ B=\max\left\{17, 7.38+\log\left(\frac{b_1}{2A}+\frac{b_2}{68.9}\right)\right\} \tag{4.2.11}$$

证明　引理 4.2.5 是参考文献[96]中 $D=2$ 的 Théorème 3 的特例．

引理 4.2.6　如果 $l\equiv1\pmod 2$ 和(X, Y, Z)是方程(4.2.4)的解，且 $Z>10^{255100}$，则有

$$\min\{X, Y\}>Z^{\frac{l}{2}-8.87B^2} \tag{4.2.12}$$

其中

$$B=\max\left\{17, 7.38+\log\left(\frac{l}{21.96\pi+\log Z}+\frac{t}{68.9}\right)\right\}, \quad t\leqslant l, \ t\in\mathbf{N} \tag{4.2.13}$$

证明　引理 4.2.6 的证明类似参考文献[97]的引理 7. 根据引理 4.2.1，解(X, Y, Z)可以表示为方程(4.2.5)和方程(4.2.6)．因为 $l\equiv1\pmod 2$，根据方程(4.2.4)和方程(4.2.6)中 X 和 Y 的对称性，不妨假设 $X\geqslant Y$. 设

$$\varepsilon=f+g\sqrt{-1}, \ \bar{\varepsilon}=f-g\sqrt{-1}, \ \theta=\frac{\varepsilon}{\bar{\varepsilon}} \tag{4.2.14}$$

由方程(4.2.5)和方程(4.2.14)，可得 $|\varepsilon|=|\bar{\varepsilon}|=\sqrt{Z}$，$|\theta|=1$，且 θ 满足

$$Z\theta^2-2(f^2-g^2)\theta+Z=0 \tag{4.2.15}$$

由于 $\gcd(f, g)=1$，$fg\equiv0\pmod 2$，根据方程(4.2.5)，可得 $\gcd[Z, 2(f^2-g^2)]=1$. 因此，方程(4.2.15)是 θ 的定义多项式．故有

$$[Q(\theta): Q]=2, \ h(\theta)=\frac{1}{2}\log Z \tag{4.2.16}$$

此外，由于 $Z>2$，故 θ 不是单位根.

通过方程(4.2.6)可以得到

$$X-Y\sqrt{-1}=\lambda_1(f-\lambda_2 g\sqrt{-1})^l \tag{4.2.17}$$

因此，根据方程(4.2.6)、方程(4.2.14)和方程(4.2.17)可以得到

$$Y=\frac{1}{2}|\varepsilon^l-\bar{\varepsilon}^l|=\frac{1}{2}|\bar{\varepsilon}^l|\left|\left(\frac{\varepsilon}{\bar{\varepsilon}}\right)^l-1\right|=\frac{1}{2}Z^{\frac{l}{2}}|\theta^l-1| \tag{4.2.18}$$

对于任意复数 α，某些整数 t，有 $|e^{\alpha}-1|>\frac{1}{2}$或 $|e^{\alpha}-1|>\frac{2}{\pi}\left|\alpha-t\pi\sqrt{-1}\right|$.

设 $\alpha=l\log\theta$，则有

$$|\theta^l-1|\geqslant\frac{2}{\pi}\left|l\log\theta-t\pi\sqrt{-1}\right|,\quad t\leqslant l,\ t\in\mathbf{N} \tag{4.2.19}$$

令 $\Lambda=l\log\theta-t\pi\sqrt{-1}$，根据方程(4.2.18)和方程(4.2.19)，可得

$$Y\geqslant\frac{1}{\pi}Z^{\frac{l}{2}}|\Lambda|=Z^{\frac{l}{2}+\frac{\log\left(\frac{|\Lambda|}{\pi}\right)}{\log Z}} \tag{4.2.20}$$

注意方程(4.2.16)中的 θ 是一个复代数数，且 θ 不是单位根. 根据引理 4.2.5，Λ 满足方程(4.2.10)，其中

$$A=10.98\pi+\frac{1}{2}\log Z,\ B=\max\left\{17,\ 7.38+\log\left(\frac{l}{2A}+\frac{t}{68.9}\right)\right\},\quad t\leqslant l,\ t\in\mathbf{N} \tag{4.2.21}$$

由于 $Z>10^{25510}$，根据方程(4.2.10)和方程(4.2.21)，可得

$$\frac{\log\left(\frac{|\Lambda|}{\pi}\right)}{\log Z}>-8.87B^2 \tag{4.2.22}$$

因此，根据方程(4.2.20)～方程(4.2.22)，可得方程(4.2.12)和方程(4.2.13). 引理 4.2.6 得证.

4.2.3　定理 4.2.1 的证明

在本节中，假设$(x,\ y,\ z)$是方程(4.2.2)的例外解，其中 $x\equiv y\equiv 0\pmod 2$.

引理 4.2.7　$x\equiv y\equiv 2\pmod 4$.

证明　如果 $x\equiv 0\pmod 4$，根据引理 4.2.2 和方程(4.2.2)，可得 $z<4$. 此

外，由 $x \geqslant 4, y \geqslant 2$，可得 $z>2$ 且 $z=3$. 根据方程(4.2.2)，可得

$$(m^2+n^2)^3 \equiv (m^2+n^2)^z > (m^2-n^2)^x \geqslant (m+n)^x > (m^2+n^2)^{\frac{x}{2}} \tag{4.2.23}$$

因此可以得到 $x=4$. 但是由于 $(m^2-n^2)^4 \equiv (m^2+n^2)^4 \pmod{4m^2n^2}$，根据方程(4.2.2)，可得 $(m^2+n^2)^4 \equiv (m^2+n^2)^3 \pmod{4m^2n^2}$，$m^2+n^2 \equiv 1 \pmod{4m^2n^2}$ 和 $2m^2 > m^2+n^2-1 \geqslant 4m^2n^2 > 2m^2$ 这一矛盾. 故可得 $x \equiv 2 \pmod 4$.

类似地，如果 $y \equiv 0 \pmod 4$，则可得 $z=3$，$y=4$，$m^2+n^2 \equiv 1 [\bmod (m^2-n^2)^2]$，$m^2+n^2-1 \geqslant (m^2-n^2)^2 \geqslant (m+n)^2 > m^2+n^2-1$ 这一矛盾. 故可得 $y \equiv 2 \pmod 4$. 因此，引理 4.2.7 得证.

引理 4.2.8　如果 $z \equiv 0 \pmod 2$，则 $z \equiv 2 \pmod 4$.

证明　由于 $x \equiv y \equiv 0 \pmod 2$，$z \equiv 0 \pmod 2$，根据引理 4.2.1 和方程(4.2.2)，可得

$$\begin{gathered}(m^2-n^2)^{\frac{x}{2}} = f^2-g^2,\ (2mn)^{\frac{y}{2}} = 2fg,\ (m^2+n^2)^{\frac{z}{2}} = f^2+g^2, \\ \gcd(f, g)=1,\ fg \equiv 0 \pmod 2, \quad f>g,\ f,\ g \in \mathbf{N}\end{gathered} \tag{4.2.24}$$

由方程(4.2.24)的第 1 个等式，可得

$$m^2-n^2 = a_1a_2,\ f+g = a_1^{\frac{x}{2}},\ f-g = a_2^{\frac{x}{2}},\ a_1 > a_2,\ \gcd(a_1, a_2)=1,\ a_1,\ a_2 \in \mathbf{N} \tag{4.2.25}$$

因此

$$f = \frac{1}{2}\left(a_1^{\frac{x}{2}} + a_2^{\frac{x}{2}}\right),\ g = \frac{1}{2}\left(a_1^{\frac{x}{2}} - a_2^{\frac{x}{2}}\right) \tag{4.2.26}$$

当 $z \equiv 0 \pmod 4$ 时，把方程(4.2.26)代入方程(4.2.24)的第三个等式，可得

$$2\left[(m^2+n^2)^{\frac{z}{4}}\right]^2 = a_1^x + a_2^x \tag{4.2.27}$$

因为 $x \equiv 0 \pmod 2$，把引理 4.2.3 应用到方程(4.2.27)中，可得 $x=2$. 因此，根据方程(4.2.24)，可得式(4.2.28)这一矛盾.

$$m^2-n^2 = (m^2-n^2)^{\frac{x}{2}} = f^2-g^2 \geqslant f+g > \sqrt{f^2+g^2} = (m^2+n^2)^{\frac{z}{4}} \geqslant m^2+n^2 > m^2-n^2 \tag{4.2.28}$$

因此有 $z \equiv 2 \pmod 4$. 引理 4.2.8 得证.

引理 4.2.9 当 $x \neq z$ 时，如果 $z \equiv 0(\bmod 2)$，则 $z \equiv 2(\bmod 4)$.

证明 由于 $x \equiv 0(\bmod 2)$，如果 $x = z$，则根据方程(4.2.1)和方程(4.2.2)，可得

$$(2mn)^{y-2} = \sum_{i=1}^{\frac{x}{2}} \binom{\frac{x}{2}}{i} (2mn)^{2(i-1)} (m^2 - n^2)^{x-2i} \tag{4.2.29}$$

由引理 4.2.7 有 $x \equiv 2(\bmod 4)$. 这意味着 $\frac{x}{2} \equiv 1(\bmod 2)$ 且方程(4.2.29)等号右边是奇数. 因此，方程(4.2.29)得到 $y = 2$ 和 $x = 2$. 然而，由于 $(x, y, z) \neq (2, 2, 2)$，这是不可能的. 所以可得 $x \neq z$. 引理 4.2.9 得证.

引理 4.2.10 如果 $n > 1$，则有

$$|x - z| > \frac{\log m}{\log n} \tag{4.2.30}$$

证明 由于 $x \equiv 0(\bmod 2)$，据方程(4.2.1)和方程(4.2.2)，有 $(m^2 - n^2)^x \equiv (m^2 + n^2)^x (\bmod 4m^2n^2)$，$(m^2 + n^2)^x \equiv (m^2 + n^2)^z (\bmod 4m^2n^2)$，$(m^2 + n^2)^{|x-z|} \equiv 1(\bmod 4m^2n^2)$. 因此可得

$$n^{2|x-z|} \equiv 1(\bmod m^2) \tag{4.2.31}$$

由引理 4.2.9 知 $|x - z|$ 是一个正整数. 因此，如果 $n > 1$，则根据方程(4.2.31)可得 $n^{2|x-z|} - 1 \geq m^2$ 和方程(4.2.30). 引理 4.2.10 得证.

因为 $m > n$，根据引理 4.2.10，即可得到引理 4.2.11 和引理 4.2.12.

引理 4.2.11 如果 $n > 1$，则 $|x - z| \geq 2$.

引理 4.2.12 $\max\{x, y\} > z$.

证明 由于 $x \equiv y \equiv 0 \equiv (\bmod 2)$ 且 $(x, y, z) \neq (2, 2, 2)$，则有 $z > 2$. 如果 $\max\{x, y\} \leq z$，则根据方程(4.2.1)和方程(4.2.2)可得式(4.2.32)这一矛盾.

$$\begin{aligned}(m^2 - n^2)^z + (2mn)^z &\geq (m^2 - n^2)^x + (2mn)^y = (m^2 + n^2)^z \\ &= [(m^2 - n^2)^2 + (2mn)^2]^{\frac{z}{2}} > (m^2 - n^2)^z + (2mn)^z\end{aligned} \tag{4.2.32}$$

所以有 $\max\{x, y\} > z$. 引理 4.2.12 得证.

引理 4.2.13 设 $2^{\alpha} \parallel mn$，则有

$$y<\begin{cases}\dfrac{\log(m^2+n^2)}{(\alpha+1)\log 2}, & z\equiv 1(\bmod 2)\\[2ex] \dfrac{\log[4(m^2+n^2)]}{(\alpha+1)\log 2}, & z\equiv 1(\bmod 2)\end{cases} \tag{4.2.33}$$

证明 由于 $x\equiv y\equiv 0(\bmod 2)$，根据引理 4.2.1，如果 $z\equiv 1(\bmod 2)$，则根据方程(4.2.2)可得

$$m^2+n^2=f^2+g^2,\ \gcd(f,\ g)=1,\ fg\equiv 0(\bmod 2),\quad f,\ g\in \mathbf{N} \tag{4.2.34}$$

$$(m^2-n^2)^{\frac{x}{2}}=f\left|\sum_{i=0}^{\frac{z-1}{2}}\binom{z}{2i}f^{z-2i-1}(-g^2)^i\right|,(2mn)^{\frac{y}{2}}=g\left|\sum_{i=0}^{\frac{z-1}{2}}\binom{z}{2i+1}f^{z-2i-1}(-g^2)^i\right| \tag{4.2.35}$$

由于 $m^2-n^2\equiv 1(\bmod 2)$，根据方程(4.2.35)的第一个等式，有 $f\equiv 1(\bmod 2)$ 和 $g\equiv 0(\bmod 2)$. 此外，由于 $z\equiv 1(\bmod 2)$ 和 $\sum_{i=0}^{\frac{z-1}{2}}\binom{z}{2i+1}f^{z-2i-1}(-g^2)^i\equiv 1(\bmod 2)$，可以从方程(4.2.35)的第二个等式中看出

$$g\equiv 0\left[\bmod 2^{\frac{(\alpha+1)y}{2}}\right] \tag{4.2.36}$$

因此，根据等式(4.2.34)和式(4.2.36)，对于 $z\equiv 1(\bmod 2)$，可得 $m^2+n^2>g^2\geqslant 2^{(\alpha+1)y}$ 和等式(4.2.33).

同样地，根据引理 4.2.1，如果 $z\equiv 0(\bmod 2)$，则根据方程(4.2.2)，可得等式(4.2.34)和式(4.2.37).

$$(m^2-n^2)^{\frac{x}{2}}=\left|\sum_{i=0}^{\frac{z-1}{2}}\binom{z}{2i+1}f^{z-2i}(-g^2)^i\right|,(2mn)^{\frac{y}{2}}=fg\left|\sum_{i=0}^{\frac{z-1}{2}}\binom{z}{2i+1}f^{z-2i-2}(-g^2)^i\right| \tag{4.2.37}$$

由于 $\gcd(f,\ g)=1$ 且 $fg\equiv 0(\bmod 2)$，根据式(4.2.34)和式(4.2.37)中 f、g 的对称性，可以假设 $f\equiv 1(\bmod 2)$，$g\equiv 0(\bmod 2)$. 由于 $z\equiv 0(\bmod 2)$，故由引理 4.2.8 即可得到 $z\equiv 2(\bmod 4)$. 进而可得

$$\sum_{i=0}^{\frac{z-1}{2}} \binom{z}{2i+1} f^{z-2i-2}(-g^2)^i \equiv 2(\bmod 4) \tag{4.2.38}$$

根据式(4.2.38)和式(4.2.37)的第 2 个等式，有

$$g \equiv 0 \left[\bmod 2^{\frac{(\alpha+1)y-1}{2}}\right] \tag{4.2.39}$$

因此，根据方程(4.2.34)和等式(4.2.39)，对于 $z \equiv 0(\bmod 2)$，方程(4.2.33)成立．引理 4.2.13 得证．

定理 4.2.1 的证明具体如下．根据参考文献[100]，对于 $n=1$，Jeśmanowicz 猜想成立．假设 $n>1$，根据引理 4.2.9 有 $x \neq z$. 这意味着 $x>z$ 或 $x<z$.

首先考虑 $x>z$ 的情形．由等式(4.2.2)有 $(m^2-n^2)^{x-z} < \left(\frac{m^2+n^2}{m^2-n^2}\right)^z$. 由于对于任何的 $\alpha>0$，$\log(1+\alpha)<\alpha$，故可得

$$(x-z)\log(m^2-n^2) < z\log\left(\frac{m^2+n^2}{m^2-n^2}\right) = z\log\left(1+\frac{2n^2}{m^2-n^2}\right) < \frac{2n^2 z}{m^2-n^2} \tag{4.2.40}$$

因此

$$\frac{1}{2}(x-z)\left(\frac{m^2}{n^2}-1\right)\log(m^2-n^2) < z \tag{4.2.41}$$

此外，根据引理 4.2.11，有 $x-z \geqslant 2$. 因此，根据式(4.2.41)可得

$$\left(\frac{m^2}{n^2}-1\right)\log(m^2-n^2) < z \tag{4.2.42}$$

由于 $m^2+n^2 > \max\{m^2-n^2, 2mn\}$，把引理 4.2.4 运用到方程(4.2.2)中，有

$$z < \max\{x, y, z\} < 6500[\log(m^2+n^2)]^3 \tag{4.2.43}$$

综合方程(4.2.42)和式(4.2.43)可得

$$\left(\frac{m^2}{n^2}-1\right)\log(m^2-n^2) < 6500[\log(m^2+n^2)]^3 \tag{4.2.44}$$

然而，由于 m、n 满足条件(4.2.3)，根据式(4.2.38)有式(4.2.45)，并推出矛盾．

$$26100(\log m)^4 < m^{\frac{10252}{5127}} < \frac{m^2}{n^2}-1 < 6500\frac{[\log(m^2+n^2)]^3}{\log(m^2-n^2)} < 26100(\log m)^4 \tag{4.2.45}$$

因此，这种情形可以排除．

接着考虑 $x<z$ 的情形，其中 $z\equiv 1(\bmod 2)$．根据方程(4.2.2)，对于 $l=z$，可以得到方程(4.2.4)有解 $(X, Y, Z)=\left[(m^2-n^2)^{\frac{y}{2}}, (2mn)^{\frac{y}{2}}, m^2+n^2\right]$．根据条件(4.2.3)，由于 $z\equiv 1(\bmod 2)$ 和 $Z=m^2+n^2>10^{255100}$，运用引理 4.2.6 可得

$$(m^2-n^2)^{\frac{x}{2}}>(m^2+n^2)^{\frac{z}{2}-8.87B^2} \tag{4.2.46}$$

其中

$$B=\max\left\{17, 7.38+\log\left[\frac{z}{21.96\pi+\log(m^2+n^2)}+\frac{t}{68.9}\right]\right\}, \quad t\leqslant z, t\in\mathbf{N} \tag{4.2.47}$$

考虑 $7.38+\log\left[\frac{z}{21.96\pi+\log(m^2+n^2)}+\frac{t}{68.9}\right]\leqslant 17$ 的情形，由于 $m^2+n^2>m^2-n^2$，根据式(4.2.46)和式(4.2.47)可得

$$\frac{1}{2}(z-x)<2563.43 \tag{4.2.48}$$

此外，由引理 4.2.10 可知 $z-x>\frac{\log m}{\log n}$. 结合式(4.2.48)可得 $n^{5127}>m$ 与式(4.2.3)矛盾．

当 $17<7.38+\log\left[\frac{z}{21.96\pi+\log(m^2+n^2)}+\frac{t}{68.9}\right]$时，由于 $x\geqslant t$ 且 $m^2+n^2>10^{255100}$，根据式(4.2.47)有

$$B<7.38+\log\left(\frac{z}{34.44}\right)<3.17+\log z \tag{4.2.49}$$

因此，根据式(4.2.46)和式(4.2.49)可得

$$17.74(3.17+\log z)^2>z-x>\frac{\log m}{\log n} \tag{4.2.50}$$

由于 $z>x$，根据引理 4.2.12 有 $y>z$. 此外，由于 $z\equiv 1(\bmod 2)$，根据引理 4.2.6 即可得到 $y<\frac{\log(m^2+n^2)}{2\log 2}$. 进而由于 $m>n^{(\log n)^2}$，根据方程(4.2.3)，从式(4.2.50)中可得

$$(\log m)^{\frac{2}{3}} < \frac{\log m}{\log n} < 17.74[3.17 + \log\log(m^2 + n^2)]^2 < 17.74(3.87 + \log\log m)^2 \tag{4.2.51}$$

但是，由于 $m > 10^{127550}$，故式(4.2.51)是错误的．因此，这种情形可以排除．

最后考虑 $z > x$ 且 $z \equiv 0 \pmod 2$ 的情形．根据引理 4.2.8 有 $z \equiv 2 \pmod 4$．注意当 $l = \frac{z}{2}$ 时，$\frac{z}{2} \equiv 1 \pmod 2$，方程(4.2.4)有解 $(X, Y, Z) = \left[(m^2 - n^2)^{\frac{x}{2}}, (2mn)^{\frac{y}{2}}, (m^2 + n^2)^{2}\right]$．使用与 $z > x$ 且 $z \equiv 1 \pmod 2$ 时相同的证明方法，很容易可以排除这个情形．综上所述，定理 4.2.1 得证．

4.2.4　推论 4.2.1 的证明

在本小节，假设 (x, y, z) 是方程(4.2.2)的例外解．

引理 4.2.14　如果 $mn \equiv 2 \pmod 4$ 且 $m > 30.8n$，那么 Jeśmanowicz 猜想成立．

引理 4.2.15　如果 $(m, n) \equiv (0, 3) \pmod 4$ 或 $(3, 0) \pmod 4$，那么 $x \equiv y \equiv 0 \pmod 2$．

证明　如果 $(m, n) \equiv (0, 3) \pmod 4$，由于 $m^2 - n^2 \equiv 3 \pmod 4$，$2mn \equiv 0 \pmod 4$ 且 $m^2 + n^2 \equiv 1 \pmod 4$，根据方程(4.2.2)可得 $3^x \equiv (m^2 - n^2)^x \equiv (m^2 + n^2)^z - (2mn)^y \equiv 1 - 0 \equiv 1 \pmod 4$ 且 $x \equiv 0 \pmod 2$．

如果 $(m, n) \equiv (3, 0) \pmod 4$，根据方程(4.2.2)，则可得式(4.2.52)，且 $x \equiv 0 \pmod 2$，其中 $\left(\frac{*}{*}\right)$ 是 Jacobi 符号．

$$(-1)^x = \left(\frac{m^2 - n^2}{m}\right)^x = \left(\frac{m^2 + n^2}{m}\right)^z = 1 \tag{4.2.52}$$

由于 $m^2 - n^2 = (m+n)(m-n)$ 且 $m + n \equiv m - n \equiv 1 \pmod 2$，根据方程(4.2.2)有

$$\left(\frac{2mn}{m+n}\right)^y = \left(\frac{m^2 + n^2}{m+n}\right)^z,\quad \left(\frac{2mn}{m-n}\right)^y = \left(\frac{m^2 + n^2}{m-n}\right)^z \tag{4.2.53}$$

注意到

$$2mn \equiv -2m^2 \pmod{m+n},\quad 2mn \equiv 2m^2 \pmod{m-n},\quad m^2 + n^2 \equiv 2m^2 \pmod{m^2 - n^2} \tag{4.2.54}$$

根据方程(4.2.53)和方程(4.2.54)即可得到

$$\left(\frac{-2}{m+n}\right)^y=\left(\frac{2}{m+n}\right)^z,\ \left(\frac{2}{m-n}\right)^y=\left(\frac{2}{m-n}\right)^z \tag{4.2.55}$$

此外，由于 $m+n\equiv3(\bmod 4)$，从方程(4.2.55)的第一个等式中可以看出

$$\left(\frac{2}{m+n}\right)^{|z-y|}=(-1)^y \tag{4.2.56}$$

如果 $y\equiv1(\bmod 2)$，根据方程(4.2.56)可得式(4.2.57)，且 $\left(\frac{2}{m+n}\right)=-1$.

$$z-y=1(\bmod 2) \tag{4.2.57}$$

由于 $m+n\equiv3(\bmod 4)$，有 $m+n\equiv3(\bmod 8)$ 和式(4.2.58).

$$(m,\ n)\equiv\begin{cases}(0,\ 3)\text{或}(4,\ 7)(\bmod 8),\ (m,\ n)\equiv(0,\ 3)(\bmod 4)\\(3,\ 0)\text{或}(7,\ 4)(\bmod 8),\ (m,\ n)\equiv(3,\ 0)(\bmod 4)\end{cases} \tag{4.2.58}$$

通过方程(4.2.58)可得 $m-n\equiv\pm3(\bmod 8)$. 通过方程(4.2.55)的第二个等式和方程(4.2.57)，可得 $1=\left(\frac{2}{m-n}\right)^{|x-y|}=(-1)^{|x-y|}=-1$ 这一矛盾. 故有 $y\equiv0(\bmod 2)$. 因此，引理 4.2.15 得证.

推论 4.2.1 的证明具体如下. 根据引理 4.2.14，如果 m、n 满足 $mn\equiv2(\bmod 4)$ 和式(4.2.3)，则推论 4.2.1 成立. 因此只需要考虑 $mn\equiv0(\bmod 4)$ 这种情形，即 $(m,\ n)\equiv(0,\ 3)(\bmod 4)$ 或 $(3,\ 0)(\bmod 4)$. 在这种情形中，根据引理 4.2.15，方程(4.2.2)的例外解 $(x,\ y,\ z)$ 满足 $x\equiv y\equiv0(\bmod 2)$. 因此，根据定理 4.2.1 即可得到推论 4.2.1 成立.

4.3 关于三个连续正整数基的三元纯指数 Diophantine 方程

4.3.1 引言及结论

设 **Z**、**N** 分别是所有整数和正整数的集合. 设 a、b、c 是给定的互素的正整

数且 $\min\{a, b, c\} \geq 1$. 1933 年，Mahler 利用 Thue – Siegel 方法中的 p – adic 类证明了式(4.3.1)所示的三元指数丢番图方程仅有有限多个解(x, y, z).

$$a^x + b^y = c^z, \quad x, y, z \in \mathbf{N} \tag{4.3.1}$$

他的方法从某种意义上来说是无效的，因为他没有对可能解的数目给出任何特征. Gel'fond 对方程(4.3.1)的解给出了一个有效的结果. 类似于关于 Pythagorean 三元组的 Jeśmanowicz 猜想(见参考文献[98])，Terai 推测方程(4.3.1)最多有一个解. Cao 给出了关于这个命题的一个简单的反例，他建议在 Terai 猜想的假设中加入条件 $\max\{a, b, c\} > 7$. 然而，事实证明，这个条件并不足以保证唯一性. Le 给出了关于该命题的一系列反例，并且给出了关于 Terai 猜想的以下形式.

猜想 4.3 对于任意给定的 a、b、c，方程(4.3.1)最多有一个解(x, y, z)且 $\min\{x, y, z\} > 1$. 对于给定的 a、b、c，该问题与著名的广义 Fermat 猜想有关(见参考文献[47]的问题 B19). 它在一些特殊情况下得到了验证. 但是，总的来说，这个问题还没有解决. 数论研究者对于具有 3 个连续正整数基的三元纯指数 Diophantine 方程非常感兴趣. Sierpiński 证明了方程 $3^x + 4^y = 5^z$ 只有一个解$(x, y, z) = (2, 2, 2)$. Leszczyński 证明了方程(4.3.2)在 $y > 1$ 时只有两个正整数解：(1)$n = 1$，x 为任意值，$y = 3$，$z = 2$；(2)$n = 3$，$x = y = z = 2$. 并且声明了方程对于 $y = 1$ 是否有解这个问题仍未解决(意思是可能有一个不同于 $n = x = y = z = 1$ 的解).

$$n^x + (n+1)^y = (n+2)^z \tag{4.3.2}$$

Makowski 扩展了 Leszczyński 的研究，找到了方程在 $y = 1$，$1 \leq n \leq 48$ 时的解. 此外，他和 Togbé 利用代数数对数的线性形式方法和一些已知结论完全解决了方程(4.3.2). 事实上，Le 运用指数分解型方程解的分类方法和一些已知结论(见参考文献[108])证明了方程 $n^x + (n+1)^y = (n+2)^z$ 除 $n = 1$ 外没有正整数解. 类似地，Le 和 Liang 运用初等方法和指数分解型方程解的分类方法(可参阅参考文献[116])证明了方程(4.3.3)只有一个正整数解$(n, x, y, z) = (3, 1, 1, 2)$.

$$(n+1)^x + (n+2)^y = n^z \tag{4.3.3}$$

Le 用 Gel'fond – Baker 方法证明了当 $n > 3 \times 10^{15}$ 时，方程(4.3.4)不存在正整数解.

$$n^x+(n+2)^y=(n+1)^z \tag{4.3.4}$$

本节给出了方程(4.3.3)的一个新解，其思想类似于参考文献[104]中的方法，但是本书使用参考文献[106]中的推论2替代了参考文献[108]中的推论2，从而得到两个对数线性形式的更好下界．此外根据 Bugeaud 给出的结论，本书利用线性形式的 m - adic 估计彻底求解了方程(4.3.4)．综上，可得到定理4.3.1和定理4.3.2.

定理4.3.1　对于正整数 n，方程(4.3.3)仅有一个正整数解$(n, x, y, z)=(3, 1, 1, 2)$.

定理4.3.2　对于正整数 n，方程(4.3.4)仅有一个正整数解$(n, x, y, z)=(1, s, 1, 2)$，其中 s 是任意正整数．

4.3.2　几个引理

本节主要回顾其他作者获得的一些符号和重要结果，它们有助于定理的证明．记$\left(\frac{*}{*}\right)$为 Jacobi 符号．

引理4.3.1　参阅参考文献[92]．方程(4.3.5)可得出式(4.3.6)．

$$X^m-Y^n=1,\quad X, Y, m, n\in\mathbf{N}, \min(X, Y, m, n)>1 \tag{4.3.5}$$

$$(X, Y, m, n)=(3, 2, 2, 3) \tag{4.3.6}$$

引理4.3.2　参阅参考文献[105]、[117]．方程 $x^2-2^m=y^n$ 满足 $\gcd(x, y)=1$，$m>1$，$n>2$，$|y|\neq 0$ 的所有整数解为$(x, y, m, n)=(13, -7, 9, 3)$，$(71, 17, 7, 3)$.

引理4.3.3　参阅参考文献[106]中的推论2．对于 $\mathbf{Q}$ 上任意 d 次代数 α，照例用式(4.3.7)定义 α 的绝对对数高度．

$$h(\alpha)=\frac{1}{d}\left[\log|a|+\sum_{i=1}^{d}\log\max(1, |\alpha^i|)\right] \tag{4.3.7}$$

式中，a 是 $\mathbf{Z}$ 上 α 的最小多项式的首项系数．α^i 是 α 在复数场 C 中的共轭，假设数字 α_1、α_2、$\log\alpha_1$、$\log\alpha_2$ 是实数且为正整数，有

$$b'=\frac{b_1}{D\log A_2}+\frac{b_2}{D\log A_1} \tag{4.3.8}$$

式中，A_1 和 A_2 是大于 1 的实数且有

$$\log A_i\geqslant\max\left\{h(\alpha_i),\ \frac{|\log\alpha_i|}{D},\ \frac{1}{D}\right\},\ i=1,\ 2 \tag{4.3.9}$$

那么对于表 4－1 中的每一对 $[t,\ C_2(t)]$，都有

$$\log|K|\geqslant -C_2D^4(\max\{\log b'+0.38,\ m/D,\ 1\})^2\log A_1\log A_2 \tag{4.3.10}$$

表 4－1　主要的常量

t	10	12	14	16	18	20	22	24	26	28	30
C_1	32.3	29.9	28.2	26.9	26.0	25.2	24.5	24.0	23.5	23.1	22.8
C_2	25.2	23.4	22.1	21.1	20.3	19.7	19.2	18.8	18.4	18.1	17.9

引理 4.3.4　参阅参考文献[101]．设 α_1 和 α_2 为正有理数，$\alpha_1\neq 1$，b_1 和 b_2 为正整数，设 $\Lambda=\alpha_2^{b_2}-\alpha_1^{b_1}$.

对于不同质数的集合 $p_1,\ p_2,\ \cdots,\ p_k$ 和正整数 $j_1,\ j_2,\ \cdots,\ j_k$，令 $m=p_1^{j_1}p_2^{j_2}\cdots p_k^{j_k}$，假设存在这样的正整数 g，对于每一个 i，如果 $p_i\geqslant 2$，则有式(4.3.11)；若 $p_i=2$，则有式(4.3.12).

$$v_{p_i}(\alpha_1^g-1)\geqslant j_i,\ v_{p_i}(\alpha^g-1)\geqslant 1 \tag{4.3.11}$$

$$v_{p_i}(\alpha_1^g-1)\geqslant 2,\ v_{p_i}(\alpha^g-1)\geqslant 2 \tag{4.3.12}$$

那么，如果 m、b_1 和 b_2 是相对素数，α_1 和 α_2 是乘法独立的，可以得出

$$v_m(\Lambda)\leqslant\frac{53.6g}{(\log m)^4}[\max\{\log b'+\log(\log m)+0.64,\ 4\log m\}]^2\log A_1\log A_2 \tag{4.3.13}$$

式中，$b'=\dfrac{b_1}{\log A_2}+\dfrac{b_2}{\log A_1}$ 并且 $\log A_i\geqslant\max\{h(\alpha_i),\ \log m\}$.

4.3.3　定理 4.3.1 的证明

由方程(4.3.3)可知，$n+1$ 是偶数，假设 $n+1=2m$，$m\geqslant 2$，可以得到方程

$$(2m)^x+(2m+1)^y=(2m-1)^z \tag{4.3.14}$$

取模为 $2m$，可以得到 $1\equiv(-1)^z(\bmod 2m)$. 因此，可以得到 $2\mid z$，表示 $z=2z_1$，以下将分两步证明定理 4.3.1.

(1) 当 $x\geqslant 2$ 时.

通过方程(4.3.14)的结论取模 $4m^2$，可以得到

$$2my+1\equiv 1-2mz(\bmod 4m^2) \tag{4.3.15}$$

由此得出 $y+z\equiv 0(\bmod 2)$，y 也是一个偶整数. 设 $y=2y_1$，方程(4.3.14)可表示为

$$(2m)^x+(2m+1)^{2y_1}=(2m-1)^{2z_1} \tag{4.3.16}$$

把方程(4.3.16)分解成为

$$[(2m-1)^{z_1}-(2m+1)^{2y_1}][(2m-1)^{z_1}+(2m+1)^{2y_1}]=(2m)^x \tag{4.3.17}$$

首先设 $2\mid z_1$，可以得到

$$(2m-1)^{z_1}+(2m+1)^{y_1}\equiv 2+2m(y_1-z_1)(\bmod 4m^2) \tag{4.3.18}$$

从方程(4.3.18)可以得到 $\gcd\left[\dfrac{(2m-1)^{z_1}+(2m+1)^{y_1}}{2},\ m\right]=1$，并且利用方程(4.3.17)可以得出

$$(2m-1)^{z_1}+(2m+1)^{y_1}\mid 2^{x-1} \tag{4.3.19}$$

由方程(4.3.14)可知

$$(2m)^x<(2m-1)^z=(2m-1)^{2z_1}<(2^{x-1})^2=2^{2x-2} \tag{4.3.20}$$

因此，有 $4\left(\dfrac{m}{2}\right)^2<1$，又因为 $m\geqslant 2$，所以这是不可能的.

其次假设 $2\nmid z_1$. 在这种情况下，由方程(4.3.17)可得

$$(2m-1)^{z_1}+(2m+1)^{y_1}\equiv 2m(z_1+y_1)(\bmod 4m^2) \tag{4.3.21}$$

$$(2m-1)^{z_1}-(2m+1)^{y_1}\equiv -2+2m(z_1-y_1)(\bmod 4m^2) \tag{4.3.22}$$

由方程(4.3.22)可得

$$\gcd\left[\frac{(2m-1)^{z_1}-(2m+1)^{y_1}}{2},\ m\right]=1 \tag{4.3.23}$$

如果 $2\nmid y_1$，那么 $z_1 \pm y_1$ 都是偶数，可以得到

$$\gcd\left[\frac{(2m-1)^{z_1}+(2m+1)^{y_1}}{2},\ 2\right]=1 \tag{4.3.24}$$

因此，由方程(4.3.17)、方程(4.3.23)和方程(4.3.24)可得

$$(2m-1)^{z_1}+(2m+1)^{y_1}=2^{x-1}m^x,\ (2m-1)^{z_1}-(2m+1)^{y_1}=2 \tag{4.3.25}$$

将方程(4.3.25)中的两个方程相加，可得

$$(2m-1)^{z_1}=2^{x-2}m^x+1 \tag{4.3.26}$$

如果 $x=2$，则有 $(2m-1)^{z_1}=m^2+1<(2m-1)^2=4m^2-4m+1$. 当 $z_1=1$ 时可得 $m^2-2m+1=-1$，这是不可能的. 如果 $m\geqslant 3$，那么可以得到 $(2m-1)^{z_1}-1=2^{x-2}m^x$. 通过取模为 $2m$，得到 $-1-1\equiv 0(\bmod 2m)$. 它导致 $m=1$，这是不可能的.

如果 $2\mid y_1$，那么 $z_1\pm y_1$ 都是奇数. 假设 m 是偶数，由方程(4.3.22)可得方程(4.3.23)和方程(4.3.24). 通过与上面部分相似的论证，可得式(4.3.3)没有解. 当 m 为奇数时，可得

$$\gcd\left[\frac{(2m-1)^{z_1}-(2m+1)^{y_1}}{2},\ 2\right]=1 \tag{4.3.27}$$

从方程(4.3.17)中得出

$$(2m-1)^{z_1}+(2m+1)^{y_1}=2m^x,\ (2m-1)^{z_1}-(2m+1)^{y_1}=2^{x-1} \tag{4.3.28}$$

这两个方程相减得到

$$\left[(2m+1)^{\frac{y_1}{2}}\right]^2+2^{x-1}=2m^x \tag{4.3.29}$$

如果 $x=2$，由引理 4.3.1 可知，上述方程无解. 如果 $x\geqslant 3$，由引理 4.3.2 可知，上述方程无解.

(2) 当 $x=1$ 时.

对式(4.3.30)取模为 $4m^2$，因为 z 是偶数，可得式(4.3.31).

$$(2m)+(2m+1)^y=(2m-1)^z \tag{4.3.30}$$

$$2m+2my+1\equiv 1-2mz(\bmod 4m^2) \tag{4.3.31}$$

即 $2m\mid(1+y+z)$，其中 y 是奇数，显然 $y\geqslant 3$. 对方程(4.3.30)取模为 $2m-1$，可得

$$2^y \equiv -1 \pmod{2m-1} \tag{4.3.32}$$

从 Jacobi 符号得 $\left(\frac{-2}{2m-1}\right)=\left(\frac{-1}{2m-1}\right)\left(\frac{2}{2m-1}\right)=1$. 由于 $2m-1$ 的每个素数因子 p 都满足 $p\equiv 1, 3 \pmod 8$，因此 $2m-1\equiv 1, 3 \pmod 8$. 对方程(4.3.30)取模为 $2m+1$，有

$$2^z \equiv -1 \pmod{2m+1} \tag{4.3.33}$$

从 Jacobi 符号得 $\left(\frac{-2}{2m+1}\right)=\left(\frac{-1}{2m+1}\right)\left(\frac{2}{2m+1}\right)=1$. 已知 $2m+1$ 的每个素数因子 q 都满足 $q\equiv 1 \pmod 4$，因此 $2m+1\equiv 1 \pmod 4$，进而可知 $2m-1\equiv 3 \pmod 8$. 当 $3\leqslant 2m-1\leqslant 49$ 时，有 $2m-1=3$，11 和 27. 当 $2m-1\equiv 3$ 时，有 $4+5^y=3^z$ 和 $\left(3^{\frac{z}{2}}-2\right)\left(3^{\frac{z}{2}}+2\right)=5^y$，进而可以得到方程 $3^{\frac{z}{2}}-2=1$ 和 $3^{\frac{z}{2}}+2=5^y$. 因此有 $(x, y, z, m)=(1, 1, 2, 2)$. 当 $2m-1=11$ 时，有 $12+13^y=11^z$. 对方程(4.3.3)取模为 10，得到 $2+3^y\equiv 1 \pmod{10}$. 因为 $3^y\equiv 3, 9, 7, 1 \pmod{10}$，可以得出 $y\equiv 2 \pmod 4$. 这和 y 是奇数的事实是矛盾的. 当 $2m-1=27$ 时，有 $28+29^y=27^z$. 对方程取模为 10，得到 $8+(-1)\equiv 7^z \pmod{10}$. 因为 $7^z\equiv 7, 9, 3, 1 \pmod{10}$，得到 $z\equiv 1 \pmod 4$. 这与 z 是偶数的事实是矛盾的.

假设 $2m-1\geqslant 49$，即 $m\geqslant 25$. 令

$$\Lambda = z\log(2m-1) - y\log(2m+1) \tag{4.3.34}$$

从方程(4.3.30)可以得到 $e^{\Lambda}-1=\frac{2m}{(2m+1)^y}=\frac{1-\frac{1}{2m+1}}{(2m+1)^{y-1}}>\Lambda>0$. 注意 $m\geqslant 25$，则有

$$0<\Lambda<\frac{1}{1.02(2m+1)^{y-1}} \tag{4.3.35}$$

显而易见，$z>y$ 意味着 $z\geqslant y+1$. 故有式(4.3.36)，并可以写成式(4.3.37).

$$\frac{z-y}{y}=\frac{\log\left(1+\frac{2}{2m-1}\right)}{\log(2m-1)}+\frac{\log\left[1+\frac{2m}{(2m+1)^y}\right]}{y\log(2m-1)}\leqslant$$

$$\frac{2}{(2m-1)\log(2m-1)}+\frac{2m}{3(2m+1)^3\log(2m-1)} \tag{4.3.36}$$

$$y \geqslant (z-y)\left(m-\frac{1}{2}\right)\log(2m-1)\left[1+\frac{m(2m-1)}{3(2m+1)^3}\right]^{-1} \tag{4.3.37}$$

特别是，一直都有

$$y \geqslant \frac{299}{300}\left(m-\frac{1}{2}\right)\log(2m-1) \tag{4.3.38}$$

注意到当 $m \geqslant 25$ 时，从式(4.3.38)可得 $y \geqslant 95$.

应用引理 4.3.3，然后取

$$D=1,\ b_1=y,\ b_2=z,\ \alpha_1=2m+1,\ \alpha_2=2m-1,\ t=10 \tag{4.3.39}$$

取 $\log A_1=\log(2m+1)$，$\log A_2=\log(2m-1)$. 从式(4.3.35)可得

$$\frac{z}{\log(2m+1)}-\frac{y}{\log(2m-1)}<$$

$$\frac{1}{1.02(2m+1)^{y-1}\log(2m+1)\log(2m-1)}<1.975\times 10^{-162} \tag{4.3.40}$$

因此，如果取式(4.3.41)，从方程(4.3.30)可得式(4.3.42).

$$b'=\frac{y}{\log(2m-1)}+\frac{z}{\log(2m+1)} \tag{4.3.41}$$

$$b'<\frac{2y}{\log(2m-1)}+\frac{\log 2}{\log(2m+1)\log(2m-1)} \tag{4.3.42}$$

如果 $\log b'+0.38 \leqslant t=10$，可得

$$\log|\Lambda| \geqslant -2520\log(2m-1)\log(2m+1) \tag{4.3.43}$$

使用式(4.3.35)得到

$$\log|\Lambda|<-(y-1)\log(2m+1)+0.0198 \tag{4.3.44}$$

因此，由式(4.3.43)和式(4.3.44)得

$$y-1<2520\log(2m-1)+\frac{0.0198}{\log(2m+1)} \tag{4.3.45}$$

把式(4.3.45)和式(4.3.38)结合起来，有

$$m \leqslant 0.5 + \frac{300y}{299\log(2m-1)} < 0.5 + \frac{300}{299}\left\{2520 + \frac{1}{\log(2m-1)}\left[1 + \frac{0.0198}{\log(2m+1)}\right]\right\} < 2521 \tag{4.3.46}$$

如果 $\log b' + 0.38 > 10$，那么有

$$\log|\Lambda| \geqslant -25.2\left\{\log\left[\frac{2y}{\log(2m-1)} + \frac{\log 2}{\log(2m+1)\log(2m-1)}\right] + 0.38\right\}^2 \log(2m+1)\log(2m-1) \tag{4.3.47}$$

由上述不等式与式(4.3.44)可得

$$\frac{y}{\log(2m-1)} < 25.2\left\{\log\left[\frac{2y}{\log(2m-1)} + 0.0886\right] + 0.38\right\}^2 + \frac{0.0198 + \log(2m+1)}{\log(2m+1)\log(2m-1)} \tag{4.3.48}$$

由此可见

$$\frac{y}{\log(2m-1)} < 25.2\left\{\log\left[\frac{y}{\log(2m-1)} + 0.7817\right] + 0.38\right\}^2 + 0.25848373 \tag{4.3.49}$$

故而得到 $y < 307\log(2m-1)$. 由 $b' < \frac{2y}{\log(2m-1)} + \frac{\log 2}{\log(2m+1)\log(2m-1)} < 715$ 可知 $\log b' < 6.571$. 但假设的是 $\log b' + 0.38 > 10$，这显然是矛盾的. 由以上讨论，推导出 y 和 m 的上界，即

$$m \leqslant 2521 \tag{4.3.50}$$

$$y \leqslant 21484 \tag{4.3.51}$$

由 Λ 的定义和式(4.3.35)可知

$$\left|\frac{\log(2m+1)}{\log(2m-1)} - \frac{z}{y}\right| < \frac{1}{1.02y(2m+1)^{y-1}\log(2m-1)} \tag{4.3.52}$$

由 $m \geqslant 25$ 和式(4.3.38)可知 $y \geqslant 95$. 易证

$$2y^2 < 1.02y(2m+1)^{y-1}\log(2m-1) \tag{4.3.53}$$

因此式(4.3.52)的左边小于 $\frac{1}{2y^2}$. 因此 $\frac{z}{y}$ 在 $\frac{\log(2m+1)}{\log(2m-1)}$ 的简单连分式展开中是收敛的. 此外，如果 $\frac{p_r}{q_r}$ 是第 r 个收敛点，那么

$$\left|\frac{\log(2m+1)}{\log(2m-1)}-\frac{p_r}{q_r}\right|>\frac{1}{(a_{r+1}+2)q_r^2} \tag{4.3.54}$$

式中，a_{r+1}是$\frac{\log(2m+1)}{\log(2m-1)}$的第 $r+1$ 个偏商．当$\frac{z}{y}=\frac{p_r}{q_r}$(注意 $y\geqslant q_r$ 和 $z\geqslant p_r$)，由 $m\geqslant 25$ 和 $y\geqslant 95$ 可得

$$a_{r+1}>\frac{1.02(2m+1)^{y-1}y\log(2m-1)}{y}-2>7\times 10^{22} \tag{4.3.55}$$

当 $q_r<21484$ 时，没有整数 m 满足 $25\leqslant m\leqslant 2521$ 和式(4.3.55)．因此，定理 4.3.1 得证．

4.3.4　定理 4.3.2 的证明

因为 n 在方程(4.3.4)中是奇数．设 $n+1=2m$，方程(4.3.4)变为

$$(2m-1)^x+(2m+1)^y=(2m)^z \tag{4.3.56}$$

本书将分 5 步求解方程(4.3.56)，具体步骤如下．

步骤 1　考虑对方程(4.3.56)取模 $2m$，得到 x 为奇数．进一步考虑对方程(4.3.56)取模$(2m)^2$，可以得到

$$x+y\equiv 0(\bmod 2) \tag{4.3.57}$$

另外，有 y 是奇数．通过考虑对方程(4.3.56)取模 $2m-1$，有

$$2^y\equiv 1(\bmod 2m-1) \tag{4.3.58}$$

从 Jacobi 符号可知 $2m-1$ 的每个因子 m'能够满足 $m'\equiv\pm 1(\bmod 8)$．此外，从方程(4.3.56)可得

$$4m\equiv(2m-1)^x+(2m+1)^y\equiv(2m)^z(\bmod 8) \tag{4.3.59}$$

因此有 $2\mid m$. 所以可以得到 $2m-1\equiv -1(\bmod 8)$，即 $4\mid m$.

步骤 2　由步骤 1 可知 $x+y\equiv 0(\bmod 2m)$．对于正整数 t，使 $x+y=2mt$ 考虑对方程(4.3.56)取模$(2m)^3$，可以得到

$$-1+x(2m)-\binom{x}{2}(2m)^2+1+y(2m)+\binom{y}{2}(2m)^2\equiv 0[\bmod (2m)^3] \tag{4.3.60}$$

通过简化上面的方程，可以得到

$$x-\frac{x(x-1)}{2}(2m)+y+\frac{y(y-1)}{2}(2m)\equiv 0\left[\bmod (2m)^2\right] \quad (4.3.61)$$

将 $x+y=2tm$ 代入方程(4.3.61)，有

$$t-\frac{x(x-1)}{2}+\frac{y(y-1)}{2}\equiv 0(\bmod 2m) \quad (4.3.62)$$

由于 $x=2tm-y$，可以得到 $t\equiv y(\bmod m)$，即 $m\mid x$.

步骤 3　由方程(4.3.56)假设 $\gcd(x,\ y)>1$. 由于 x 和 y 在步骤 1 和步骤 2 中都是奇数，所以存在奇素数 p，使得 $x=px_1$ 和 $y=py_1$，且有正整数 x_1、y_1. 可以得到

$$(2m)^z=(2m-1)^{px_1}+(2m+1)^{py_1}=\left[(2m-1)^{x_1}+(2m+1)^{y_1}\right]\cdot\frac{(2m-1)^{px_1}+(2m+1)^{py_1}}{(2m-1)^{x_1}+(2m+1)^{y_1}} \quad (4.3.63)$$

由初等数论可知，$\gcd\left[(2m-1)^{x_1}+(2m+1)^{y_1},\ \frac{(2m-1)^{px_1}+(2m+1)^{py_1}}{(2m-1)^{x_1}+(2m+1)^{y_1}}\right]=1$ 或 p. 如果是第一种情况，那么有式(4.3.64)，然而这是不可能的，因为在这种情况下有式(4.3.65).

$$(2m-1)^{x_1}+(2m+1)^{y_1}\equiv 0(\bmod 2m) \quad (4.3.64)$$

$$1=\frac{(2m-1)^{px_1}+(2m+1)^{py_1}}{(2m-1)^{x_1}+(2m+1)^{y_1}}>p \quad (4.3.65)$$

如果上面两部分的公约数是 p，那么有

$$\frac{(2m-1)^{px_1}+(2m+1)^{py_1}}{(2m-1)^{x_1}+(2m+1)^{y_1}}\equiv 0(\bmod p) \quad (4.3.66)$$

另一方面，由方程(4.3.4)有 $p\mid 2m$. 由此得出 $2m-1\equiv -1(\bmod p)$，$2m+1\equiv 1(\bmod p)$. 因此 $(2m-1)^{x_1}\equiv -1(\bmod p)$，$(2m+1)^{y_1}\equiv 1(\bmod p)$. 有

$$\frac{(2m-1)^{px_1}+(2m+1)^{py_1}}{(2m-1)^{x_1}+(2m+1)^{y_1}}=(2m-1)^{(p-1)x_1}+$$
$$(2m-1)^{(p-2)x_2}(2m+1)^{y_1}+\cdots+(2m+1)^{(p-1)y_1}\equiv$$
$$(-1)^{p-1}+(-1)^{p-2}+\cdots+1\equiv 1 \quad (4.3.67)$$

综合上述最后两个同余式，可以得到 $1\equiv 0(\bmod p)$. 然而这是不可能的. 因此有 $\gcd(x, y)=1$.

假设 $d=\gcd(x, m)=1$. 那么从 $x+y\equiv 0(\bmod 2m)$，可以得到 $d\mid y$. 这与 $\gcd(x, y)=1$ 的事实相矛盾. 根据对称性，可以得知 $\gcd(x, m)=1$ 和 $\gcd(y, m)=1$.

步骤 4 根据方程(4.3.56)中的 $2m$ - adic，并应用引理 4.3.4，标记 $d=v_{2m}(\Lambda)$，意味着 $(2m)^d\mid\Lambda$ 和 $(2m)^{d+1}\nmid\Lambda$. 在方程(4.3.26)的两边同时乘以 $(2m+1)^y-(2m-1)^x$，令

$$\Lambda=(2m+1)^{2y}-(2m-1)^{2x}=[(2m+1)^y-(2m-1)^x](2m)^z \tag{4.3.68}$$

那么，$v_{2m}(\Lambda)=z$. 取

$$\alpha_1=(2m-1)^2,\ \alpha_2=(2m+1)^2,\ b_1=x,\ b_2=y,\ g=1 \tag{4.3.69}$$

令 $2m=2^{j_1}p_2^{j_2}\cdots p_k^{j_k}$，可检验得如式(4.3.70)和式(4.3.71)所示结论.

$$v_{p_i}(\alpha_1-1)=v_{p_i}[4m(m-1)]\geqslant j_i \tag{4.3.70}$$

$$v_{p_i}(\alpha_2-1)=v_{p_i}[4m(m+1)]\geqslant j_i\geqslant 1 \tag{4.3.71}$$

从步骤 3 可以知道 $2m$，x，y 是相对素数. $(2m-1)^2$ 和 $(2m+1)^2$ 是乘法独立的. 故也有

$$\log A_1=\log\alpha_1=2\log(2m-1),\ \log A_2=\log\alpha_2=2\log(2m+1) \tag{4.3.72}$$

以及

$$b'=\frac{x}{2\log(2m+1)}+\frac{y}{2\log(2m-1)}\leqslant\frac{\max\{x,\ y\}}{\log(2m-1)} \tag{4.3.73}$$

因此，根据引理 4.3.4，可以得到

$$z=v_{2m}(\Lambda)\leqslant\frac{53.6}{[\log(2m)]^4}W^2[2\log(2m-1)][2\log(2m+1)]<\frac{214.4W^2}{[\log(2m)]^2} \tag{4.3.74}$$

其中

$$W=\max\{\log b'+\log[\log(2m)]+0.64,\ 4\log(2m)\} \tag{4.3.75}$$

如果 $\log b'+\log[\log(2m)]+0.64>4\log(2m)$ 成立，通过计算，可以得到

$$\log\frac{\max\{x,\ y\}}{\log(2m-1)}+\log[\log(2m)]+0.64>4\log(2m) \tag{4.3.76}$$

$$\log \max\{x, y\} + 0.707 > 4\log(2m) \tag{4.3.77}$$

其中用了如式(4.3.78)所示的函数$f(t)$，它是$t>1$和$f(4)<0.067$的递减函数.

$$f(t) = \log[\log(2t)] - \log[\log(2t-1)] = \log \frac{\log(2t)}{\log(2t-1)} \tag{4.3.78}$$

它会导致

$$\max\{x, y\} > 0.93(2m)^4 \tag{4.3.79}$$

从方程(4.3.56)可知，当$m \geqslant 4$时有$y<z$以及$x < z\log \frac{\log(2m)}{\log(2m-1)} = ze^{f(m)} < ze^{0.067} < 1.07z$. 由于$1.07z > \max\{x, y\}$，可得

$$\max\{x, y\} < 1.07z < \frac{229.41(\log \max\{x, y\}) + 0.707)^2}{[\log(2m)]^2} \tag{4.3.80}$$

$$\frac{[\log(2m)]^2}{229.41} < \frac{(\log \max\{x, y\}) + 0.707)^2}{\max\{x, y\}} \tag{4.3.81}$$

记$k = \max\{x, y\}$和$F(k) = \frac{(\log k + 0.707)^2}{k}$. 由于$F(k) = \frac{(\log k + 0.707)(1.293 - \log k)}{k^2}$，故当$-0.707 < \log k < 1.293$时，$F(k)$增加. 当$\log k > 1.293$或$\log k < -0.707$时，$F(k)$减少. 由于当$m \geqslant 4$时，$\max\{x, y\} > 0.93(2m)^4$，可以得到$\log k > 1.293$或$\log k < -0.707$，并有式(4.3.82)，它会导致$m < 3.9631$.

$$\frac{[\log(2m)]^2}{229.41} < \frac{\{\log[0.93(2m)^4] + 0.707\}^2}{0.93(2m)^4} = \frac{16[\log(2m)]^2}{0.93(2m)^4} \tag{4.3.82}$$

然而这是不可能的. 因此，$-0.707 < \log k < 1.293$且$k = \max\{x, y\} = 1, 2, 3$.

通过基本论证，有$m=1$. 因此方程(4.3.4)有解$(n, x, y, z) = (1, s, 1, 2)$.

如果$\log b' + [\log(2m)] + 0.64 < 4\log(2m)$成立，有$W = 4\log(2m)$，并且有

$$v_{2m}(\Lambda) \leqslant \frac{214.4W^2}{[\log(2m)]^2} < 3430.4 \tag{4.3.83}$$

由于$v_{2m}(\Lambda) = z$，故可得

$$z \leqslant 3430 \tag{4.3.84}$$

由于 $4 \leqslant m \leqslant \max\{x, y\} < 1.07z$，可以得到

$$m \leqslant \max\{x, y\} \leqslant 3670 \tag{4.3.85}$$

步骤 5 最后计算的算法和参数如下．

(1)因为 $4 \mid m$，需要检查 $m = 4m_1$ 并且 $1 \leqslant m_1 \leqslant 917$.

(2)条件 $2^y \equiv 1(\bmod 2m-1)$规定了 $2m-1$ 的每一个因子 t 都满足 $t \equiv \pm 1(\bmod 8)$. GP/PARI 简短脚本规定了 m 有 349 个值满足这个条件．

(3)对于 $m = m_0$ 的每一个值，计算指数 $y_0 = \mathrm{ord}_{2m-1} 2$. 则 $y = y_0$ 是 $2^y \equiv 1(\bmod 2m-1)$ 的最小正整数解．则适合的所有解均由 $y = ky_0$ 给出，其中 k 为正整数．实际上，需要检查的范围为 $1 \leqslant k \leqslant \frac{3670}{y}$．

(4)对于每个固定的 m 和 y，考虑 x 的可能值，由步骤 2 可知，存在一个正整数 t，使 $x + y = 2mt$，$t = y(\bmod m)$，则 $t \leqslant \frac{x+y}{2m} \leqslant \frac{\max\{x, y\}}{m} < \frac{3670}{m}$. 运行 $t = t_0$，从 1 到$\frac{3670}{m}$. 如果 $t_0 \equiv y(\bmod m)$，则 $x = 2t_0 m - y$. 检查 $x > 0$ 后，(m, x, y)有 226435 个三元数组．

(5)根据方程(4.3.56)，有$(-2)^x \equiv (-1)^z(\bmod 2m+1)$. 对 x 的每一个值检查 $2^x \equiv \pm 1$ $(\bmod 2m+1)$. m 的可能值为 $m = 4, 12, 16, 24, 36, 40, 52, 60, 64, 76$. 它仍然有 36078 个三元数组$(m, x, y)$.

(6)对于每一个三元数组(m, x, y)，计算 $z = v_{2m}[(2m-1)^x + (2m+1)^y]$. 唯一满足 $v_{2m}[(2m-1)^x + (2m+1)^y] > 3$ 的是

$$(m, x, y) = (24, 6699, 69) \tag{4.3.86}$$

结果是 $z = 4$. 这与 $x < 1.07z$ 的事实相矛盾．

(7)如果 $z \leqslant 3$，则 $x < 1.07z < 3.21$. 它使得 $m = 1$，解为$(m, x, y, z) = (1, s, 1, 2)$.

4.4　关于指数 Diophantine 方程 $(am^2+1)^x+(bm^2-1)^y=(cm)^z$ 的可解性

4.4.1　引言及结论

近年来，许多论文研究了三元纯指数 Diophantine 方程(可参阅参考文献[122]～[131]).

设 a，b，c，m 为正整数，则有

$$a+b=c^2,\ 2\mid a,\ 2\nmid c,\ m>1 \tag{4.4.1}$$

本节主要研究如式(4.4.2)所示方程的解.

$$(am^2+1)^x+(bm^2-1)^y=(cm)^z,\ x,\ y,\ z\in\mathbf{N} \tag{4.4.2}$$

2012 年，Terai 证明了如果 $(a, b, c)=(4, 5, 3)$，那么在某些条件下方程(4.4.2)只有解 $(x, y, z)=(1, 1, 2)$. 近期，J. P. Wang 等人给出了对于 $(a, b, c)=(4, 5, 3)$ 且 $3\nmid m$ 时，方程(4.4.2)只有解 $(x, y, z)=(1, 1, 2)$. 本节内容证明了如下的一般结果.

定理 4.4.1　如果 $c\mid m$ 且 $m>36c^3\log c$，则方程(4.4.2)只有解 $(x, y, z)=(1, 1, 2)$.

作为该定理的一个直接结果，可得到推论 4.4.1.

推论 4.4.1　如果 $(a, b, c)=(4, 5, 3)$，且 $3\mid m$ 并且 $m>1068$，那么方程(4.4.2)只有解 $(x, y, z)=(1, 1, 2)$.

综上，结合参考文献[133]的结果和推论，可以得到方程(4.4.2)的基本解 $(a, b, c)=(4, 5, 3)$.

4.4.2　几个引理

对于任意的非负整数 n，设 F_n 和 L_n 分别表示第 n 个 Fibonacci 数和 Lucas 数.

引理 4.4.1　方程(4.4.3)只有解 $(n, x)=(1, 1)$，$(2, 1)$和$(12, 12)$.

$$F_n = X^2, \ n, \ X \in \mathbf{N} \tag{4.4.3}$$

对于任意的正整数 D，令 $h(-4D)$ 表示判别式为 $-4D$ 的正二次二项式的类数.

引理 4.4.2 参阅参考文献[71]定理 11.4.3，12.10.1 和 12.14.3，由方程

$$h(-4D) < \frac{4}{\pi}\sqrt{D}\log(2e\sqrt{D}) \tag{4.4.4}$$

设 D、D_1、D_2、k 为正整数，且 $\min\{D, D_1, D_2\} > 1$，$\gcd(D_1, D_2) = 1$，$2 \nmid k$，$\gcd(D, k) = (D_1, D_2, k) = 1$.

引理 4.4.3 参阅参考文献[121]定理 1 和定理 2. 如果方程(4.4.5)有解 (X, Y, Z)，那么方程(4.4.3)的每个解 (X, Y, Z) 都可表示为式(4.4.6)和 式(4.4.7).

$$X^2 + DY^2 = k^2, \ \gcd(x, y) = 1, \ z > 0, \quad X, Y, Z \in \mathbf{N} \tag{4.4.5}$$

$$Z = Z_1 t, \ t \in \mathbf{N} \tag{4.4.6}$$

$$X + Y\sqrt{-D}\lambda_1(X_1 + \lambda_2 Y_1\sqrt{-D})^t, \quad \lambda_1, \lambda_2 \in \{1, -1\} \tag{4.4.7}$$

式中，X_1、Y_1、Z_1 是正整数，满足 ${X_1}^2 + D{Y_1}^2 = k^{Z_1}\gcd(X, Y) = 1$ 和 $h(-4D) \equiv 0(\mathrm{mod}\ Z_1)$.

引理 4.4.4 参阅参考文献[121]定理 1，对于方程(4.4.8)一个给定的解 (X, Y, Z)，存在一个唯一的正整数 l，使得 $l = D_1\alpha X + D_1\beta Y$，$0 < l < k$,，其中 α，β 是满足 $\beta X - \alpha Y = 1$ 的整数.

$$D_1X^2 + D_2Y^2 = k^z, \ \gcd(X, Y) = 1, \ Z > 0, \quad X, Y, Z \in \mathbf{N} \tag{4.4.8}$$

在引理 4.4.4 中定义的正整数 l 被称为解 (X, Y, Z) 的特征数，简记为 $\langle X, Y, Z\rangle$.

引理 4.4.5 参阅参考文献[121]定理[6]，如果 $\langle X, Y, Z\rangle = l$，那么 $D_1X \equiv lY(\mathrm{mod} k)$.

对于一个给定的正整数 l_0，如果方程(4.4.8)有一个特征数 $\langle X_0, Y_0, Z_0\rangle = l_0$ 的解 (X, Y, Z)，那么方程(4.4.8)所有具有特征数 $\langle X_0, Y_0, Z_0\rangle = l_0(\mathrm{mod} k)$ 的解 (X, Y, Z) 的集合称为方程(4.4.8)的一个解类，用 $S(l_0)$ 表示.

引理 4.4.6 参阅参考文献[121]定理[1]和定理[2]. 对于方程(4.4.8)的任意给定的解类 $S(l_0)$，存在着唯一解 $(X_1, Y_1, Z_1) \in S(l_0)$，使得 $X_1 > 0$，$Y_1 > 0$，

$Z_1 \leqslant Z$，其中 Z 贯穿所有解 $(X, Y, Z) \in S(l_0)$．该解 (X_1, Y_1, Z_1) 被称为 $S(l_0)$ 的最小解．

每个解 $(X, Y, Z) \in S(l_0)$ 可以表示为

$$Z = Z_1 t,\ 2 \nmid t,\ t \in \mathbf{N} \tag{4.4.9}$$

$$X\sqrt{D_1} + Y\sqrt{-D_2}\lambda_1(X_1\sqrt{D_1} + \lambda_2 Y_1\sqrt{-D_2})^t, \quad \lambda_1, \lambda_2 \in \{1, -1\} \tag{4.4.10}$$

引理 4.4.7　参阅参考文献[70]中定理[2]，设 (X_1, Y_1, Z_1) 是 $S(l_0)$ 的最小解．如果方程(4.4.8)有一个解 $(X, Y, Z) \in S(l_0)$ 满足 $X<0$，$Y=1$，则 $Y_1 = 1$．此外，如果 $(X, Z) \neq (X_1, Z_1)$，则必满足以下条件之一．

(1) $D_1 X_1{}^2 = \frac{1}{4}(k^{Z_1} \pm 1)$，$D_2 = \frac{1}{4}(3k^{Z_1} \pm 1)$，$(X, Z) = (X_1 |D_1 X_1{}^2 - 3D_2|, 3Z_1)$.

(2) $D_1 X_1{}^2 = \frac{1}{4}F_{3r-3\varepsilon}$，$D_2 = \frac{1}{4}L_{3r}$，$k^{Z_1} = F_{3r+3\varepsilon}$，$(X, Z) = (X_1 | D_1 X_1{}^4 - 10 D_1 D_2 X_1{}^2 + 5D_2|, 5Z_1)$.

其中 r 是一个正整数，$\varepsilon \in \{-1, 1\}$.

设 α、β 为代数整数．如果 $\alpha+\beta$ 和 $\alpha\beta$ 是非零互质整数，并且 $\frac{\alpha}{\beta}$ 不是单位根，那么 $(\alpha+\beta)$ 被称为 Lucas 对．此外，令 $A=\alpha+\beta$，$C=\alpha\beta$. 则有

$$\alpha = \frac{1}{2}(A + \lambda\sqrt{B}),\ \beta = \frac{1}{2}(A + \lambda\sqrt{B}),\ \lambda \in \{1, -1\} \tag{4.4.11}$$

式中，$B = A^2 - 4C$. 称 (A, B) 为 Lucas 对 $(\alpha+\beta)$ 的参数．如果 $\frac{\alpha_1}{\alpha_2} = \frac{\beta_1}{\beta_2} = \pm 1$，那么两个 Lucas 对 $(\alpha_1+\beta_1)$ 和 $(\alpha_2+\beta_2)$ 是等价的．给定一个 Lucas 对 $(\alpha+\beta)$，定义如式(4.4.12)所示的 Lucas 数序列，对于等价的 Lucas 对 $(\alpha_1+\beta_1)$ 和 $(\alpha_2+\beta_2)$，有 $L_n(\alpha_1+\beta_1) = \pm L_n(\alpha_2+\beta_2)$ $(n=0, 1, 2, \cdots)$.

$$L_n(\alpha+\beta) = \frac{\alpha_n - \beta_n}{\alpha - \beta}, \quad n = 0, 1, 2, \cdots \tag{4.4.12}$$

一个素数 p 被称为 $L_n(\alpha+\beta)$ $(n>1)$ 的原素因子．如果式(4.4.12)成立，一

个 Lucas 对(α, β)使$L_n(\alpha, \beta)$没有原素因子，将被称为一个 n－缺陷的 Lucas 对.

$$p \mid L_n(\alpha, \beta),\ p \nmid BL_1(\alpha, \beta) \cdot L_2(\alpha, \beta) \cdots L_{n-1}(\alpha, \beta) \quad (4.4.13)$$

此外，如果没有任何 Lucas 对是有 n－缺陷的，那么一个正整数 n 被称为完全无缺陷的.

引理 4.4.8 参阅参考文献[119]定理 1.4. 如果 $n>30$，那么 n 是完全无缺陷的.

引理 4.4.9 参阅参考文献[132]. 如果 n 满足 $4<n\leqslant 30$，$n\neq 6$，那么在等价的前提下，所有 n－缺陷的 Lucas 对的参数如下.

(1)$n=5$，$(A, B)=(1, 5)$，$(1, -7)$，$(2, -40)$，$(1, -11)$，$(1, -15)$，$(12, -76)$，$(12, -1364)$.

(2)$n=7$，$(A, B)=(1, -7)$，$(1, -19)$.

(3)$n=8$，$(A, B)=(2, -24)$，$(1, -7)$.

(4)$n=10$，$(A, B)=(2, -8)$，$(5, -3)$，$(5, -47)$.

(5)$n=12$，$(A, B)=(1, 5)$，$(1, -7)$，$(2, -40)$，$(1, -11)$.

(6)$n\in\{13, 18, 30\}$，$(A, B)=(1, -7)$.

4.4.3 定理 4.4.1 的证明

假设(X, Y, Z)是方程(4.4.2)的一个解，$(X, Y, Z)\neq(1, 1, 2)$. 由于 $c \mid m$，则有 $cm \mid m^2$，根据方程(4.4.2)，可得

$$\gcd(am^2+1, cm)=\gcd(bm^2-z, cm)=\gcd(am^2+1, bm^2-z)=1 \quad (4.4.14)$$

由于 $m>1$，$z>2$，由方程(4.4.2)，有

$$0\equiv(cm)^z\equiv(am^2+1)^x+(bm^2-1)^y\equiv 1+(-1)^y \pmod{m^2} \quad (4.4.15)$$

$$2\nmid y \quad (4.4.16)$$

此外，由于 $z\geqslant 3$，由方程(4.4.2)、式(4.4.15)和式(4.4.16)，可以得到

$$0\equiv(cm)^z\equiv(am^2+1)^x+(bm^2-1)^y\equiv(ax+by)m^2 \pmod{m^2} \quad (4.4.17)$$

$$(ax+by)\equiv 0 \pmod{m} \quad (4.4.18)$$

由方程(4.4.1)可知，$2 \mid a$，$2 \nmid c2$ 且 $2 \nmid b$. 从式(4.4.15)～式(4.4.18)可以看出，$2 \nmid ax+by$ 并且有

$$2 \nmid m \tag{4.4.19}$$

所以有

$$2 \nmid cm,\ 2 \nmid am^2+1,\ 2 \mid bm^2-1 \tag{4.4.20}$$

首先考虑 $2 \mid x$ 的情况. 根据式(4.4.15)和式(4.4.16)可知，方程(4.4.21)有解，解如式(4.4.21) 所示.

$$X+(bm^2-1)Y^2=(cm)^Z,\ \gcd(X,\ Y)=1,\ Z>0,\ X,\ Y,\ Z \in \mathbf{N} \tag{4.4.21}$$

$$(X,\ Y,\ Z)=\left[(am^2+1)^{\frac{x}{2}}+(bm^2-1)^{\frac{y-1}{2}},\ z\right] \tag{4.4.22}$$

根据式(4.4.13)和式(4.4.20)，将引理 4.4.3 应用于方程(4.4.21)和式(4.4.22)，则有

$$z=Z_1 t,\ t \in \mathbf{N} \tag{4.4.23}$$

$$(am^2+1)^{\frac{x}{2}}+(bm^2-1)^{\frac{y-1}{2}}\sqrt{1-bm^2}=\lambda_1(X_1+\lambda_2 Y_1\sqrt{1-bm^2})^t,$$
$$\lambda_1,\ \lambda_2 \in \{-1,\ 1\} \tag{4.4.24}$$

式中，X_1、Y_1、Z_1 是正整数且满足

$$X_1{}^2+(bm^2-1)Y_1{}^2=(cm)^{Z_1},\ \gcd(X_1,\ Y_1)=1 \tag{4.4.25}$$

$$h[-4(bm^2-1)]=0(\operatorname{mod} Z_1) \tag{4.4.26}$$

如果 $2 \mid t$，设

$$X_2+Y_2\sqrt{1-bm^2}=(X_1+\lambda_2 Y_1\sqrt{1-bm^2})^{\frac{t}{2}} \tag{4.4.27}$$

根据引理 4.4.3，X_1 和 X_2 是整数且满足

$$X_2{}^2+(bm^2-1)Y_2{}^2=(cm)^{\frac{Z_1 t}{2}}=(cm)^{\frac{Z}{2}},\ \gcd(X_2,\ Y_2)=1 \tag{4.4.28}$$

将方程(4.4.27)代入式(4.4.24)，有

$$(am^2+1)^{\frac{x}{2}}+(bm^2-1)^{\frac{y-1}{2}}\sqrt{1-bm^2}=\lambda_1(X_2+Y_2\sqrt{1-bm^2})^2 \tag{4.4.29}$$

$$(bm^2-1)^{\frac{y-1}{2}}=2\lambda_1 X_2 Y_2 \tag{4.4.30}$$

根据式(4.4.13)和方程(4.4.27)，可以得到 $\gcd(X_2, bm^2-1)=1$. 因此，由方程(4.4.30)可得

$$|X_2|=1,\ |Y_2|=\frac{1}{2}(bm^2-1)^{\frac{y-1}{2}} \tag{4.4.31}$$

将式(4.4.31)代入方程(4.4.28)，可以得到

$$1+\frac{1}{4}(bm^2-1)^y=(cm)^{\frac{z}{2}} \tag{4.4.32}$$

由于 $z>2$，则有 $\frac{z}{2}\geqslant 2$. 根据式(4.4.15)、式(4.4.16)和方程(4.4.32)，可以得到式(4.4.33)和式(4.4.34)这一矛盾 .

$$0\equiv(cm)^z\equiv 1+\frac{1}{4}(bm^2-1)^y\equiv 1-\frac{1}{4}(\bmod m^2) \tag{4.4.33}$$

$$m^2 \mid 3 \tag{4.4.34}$$

故有

$$2\nmid t \tag{4.4.35}$$

令

$$\alpha=X_1+Y_1\sqrt{1-bm^2},\ \beta=X_1-Y_1\sqrt{1-bm^2} \tag{4.4.36}$$

由方程(4.4.25)和式(4.4.36)，有 $\alpha+\beta=2X_1$，$\alpha-\beta=2Y_1\sqrt{1-bm^2}$，$\alpha\beta=(cm)^{Z_1}$并且$\frac{\alpha}{\beta}$满足$(cm)^{Z_1}\left(\frac{\alpha}{\beta}\right)^2-2[X_1{}^2-(bm^2-1)Y_1{}^2]\left(\frac{\alpha}{\beta}\right)+(cm)^{Z_1}=0$. 这意味着$(\alpha, \beta)$是一个 Lucas 对，参数为

$$(A, B)=[2X_1{}^2-4(bm^2-1)Y_1{}^2] \tag{4.4.37}$$

此外，让 $L_n(\alpha, \beta)(n=0, 1, \cdots)$是相应的 Lucas 数，由式(4.4.11)、式(4.4.24)和式(4.4.36)，有

$$(bm^2-1)^{\frac{y-1}{2}}=Y_1\left|\frac{\alpha^t-\beta^t}{\alpha-\beta}\right|=Y_1|L_1(\alpha, \beta)| \tag{4.4.38}$$

从式(4.4.37)和方程(4.4.38)中看到，Lucas 数 $L_t(\alpha, \beta)$没有原始因子 . 因此，根据引理 4.4.8 和引理 4.4.9，从式(4.4.35)和式(4.4.37)可得

$$t\leqslant 3 \tag{4.4.39}$$

由式(4.4.23)、式(4.4.26)和式(4.4.39)，可得

$$z \leqslant 3h - 4(bm^2 - 1) \tag{4.4.40}$$

将引理4.4.2应用于式(4.4.40)，可以得到

$$z < \frac{12}{\pi}\sqrt{bm^2 - 1}\log(2\mathrm{e}\sqrt{bm^2 - 1}) \tag{4.4.41}$$

此外，由于 $b < a + b = c^2$，根据式(4.4.41)可得

$$z < \frac{12}{\pi}cm\log(2\mathrm{e}cm) \tag{4.4.42}$$

此外，由于 $2 \mid x$，若 $z = 3$，则 $(cm)^3 > (am^2+1)^x + (am^2+1)^2 > a^2m^4$. 因此，可以得到 $c^3 > a^2m > m > 36c^3\log c$，这是矛盾的．即 $z \geqslant 4$ 且有

$$0 \equiv (cm)^z \equiv (am^2+1)^x + (bm^2-1)^y \equiv (ax+by)(\bmod m^4) \tag{4.4.43}$$

于是可得

$$ax + by \equiv 0(\bmod m^2) \tag{4.4.44}$$

$$ax + by \geqslant m^2 \tag{4.4.45}$$

由于 $m > 36c^3\log c$，根据方程(4.4.2)，可得

$$z > x\frac{\log(am^2+1)}{\log(cm)} > x,\ z > y\frac{\log(bm^2-1)}{\log(cm)} \tag{4.4.46}$$

因此，根据式(4.4.45)和式(4.4.46)可以得到

$$c^2z = (a+b)z > ax + by \geqslant m^2 \tag{4.4.47}$$

结合式(4.4.41)和式(4.4.46)，有

$$m < \frac{12}{\pi}c^3\log(2\mathrm{e}cm) \tag{4.4.48}$$

但是，由于 $m > 36c^3\log c$，故式(4.4.48)是错误的．因此，当 $2 \mid z$ 时，方程(4.4.2)没有解 (x, y, z).

最后，考虑 $2 \nmid x$ 的情况．根据方程(4.4.2)、式(4.4.15)和式(4.4.16)，方程(4.4.49)有解，解如式(4.4.50)所示．

$$(am^2+1)X^2 + (bm^2-1)Y^2 = (cm)^Z,\ \gcd(X, Y) = 1,\ Z > 0,\ X, Y, Z \in \mathbf{N} \tag{4.4.49}$$

$$(X, Y, Z) = \left[(am^2+1)^{\frac{x}{2}} + (bm^2-1)^{\frac{y-1}{2}}, z\right] \tag{4.4.50}$$

设 $l = \langle (am^2+1)^{\frac{x-1}{2}} + (bm^2-1)^{\frac{y-1}{2}}, z\rangle$，由于 $cm \mid m^2$，根据引理 4.4.5 可知 l 满足

$$am^2+1 \equiv (am^2+1)^{\frac{x-1}{2}} \equiv -l(bm^2-1)^{\frac{y-1}{2}} \equiv (-1)^{\frac{y-1}{2}} l (\bmod cm) \tag{4.4.51}$$

此外，由于 $(x, y, z) \neq (1, 1, 2)$，方程(4.4.49)有另外一个解

$$(X, Y, Z) \neq (1, 1, 2) \tag{4.4.52}$$

令 $l_0 = \langle 1, 1, 2\rangle$，那么有

$$am^2+1 \equiv l_0 (\bmod cm) \tag{4.4.53}$$

显然，对于方程(4.4.49)的任何解 (x, y, z) 来说，$z \geqslant 2$，$S(l_0)$ 的最小解为

$$(X_1, Y_1, Z_1) = (1, 1, 2) \tag{4.4.54}$$

比较式(4.4.51)和式(4.4.53)，有 $l \equiv \pm l_0 (\bmod cm)$. 这意味着式(4.4.50)是 $S(l_0)$ 的解. 因此，利用引理 4.4.6，从式(4.4.50)和式(4.4.52)可得

$$z = 2t,\ 2 \nmid t,\ t \in \mathbf{N} \tag{4.4.55}$$

$$(am^2+1)^{\frac{x-1}{2}}\sqrt{am^2+1} + (bm^2-1)^{\frac{y-1}{2}}\sqrt{1-bm^2} =$$

$$\lambda_1(\sqrt{am^2+1} + \lambda_2\sqrt{1-bm^2})^t,\ \lambda_1, \lambda_2 \in \{-1, 1\} \tag{4.4.56}$$

根据方程(4.4.56)可得

$$(bm^2-1)^{\frac{y-1}{2}} = \lambda_1\lambda_2 \sum_{i=0}^{\frac{i-1}{2}} \binom{t}{2i+1} (am^2+1)^{\frac{x-1}{2}-i}(1-bm^2)^i \tag{4.4.57}$$

此外，由于 $2 \mid bm^2-1$ 和 $2 \nmid (am^2+1)t$，从方程(4.4.57)中可得，$y=1$ 和 $(bm^2-1)^{\frac{y-1}{2}} = 1$. 这意味着方程(4.4.50)是 $S(l_0)$ 的一个解且满足 $X>0$，$Y=1$，$(X, Z) \neq (X_1, Z_1) = (1, 2)$. 因此，根据引理 4.4.7 可以得到

$$(am^2+1) = (am^2+1)X_1{}^2 = \frac{1}{4}[(cm)^2 \pm 1] \tag{4.4.58}$$

$$(cm)^2 = (cm)^{Z_1} = F_{3r+\varepsilon} \tag{4.4.59}$$

当方程(4.4.44)成立时，由于 $c \mid m$，有

$$1 \equiv am^2+1 \equiv \frac{1}{4}[(cm)^2 \pm 1] \equiv \pm\frac{1}{4}(\bmod c^2) \tag{4.4.60}$$

但是，由于 $c^2 \geqslant 9$，这是不可能的．另外，由于 $cm>1$ 且 $2\nmid cm$，根据引理 4.4.1，方程(4.4.59)是错误的．因此，方程(4.4.2)只有一个解 $(x, y, z)=(1, 1, 2)$ 且 $2\nmid x$，定理 4.4.1 得证．

4.5　关于指数 Diophantine 方程 $a^x+b^y=z^2$ 的一个注记

4.5.1　引言及结论

设 $\mathbf{Z}$、$\mathbf{N}$ 分别表示全体整数和正整数的集合．设 a 和 b 是大于 1 的互素正奇数．2012—2014 年，Sroysang 证明了当 $(a, b)=(3, 5)$，$(3, 85)$，$(5, 43)$ 或 $(5, 63)$ 时，方程(4.5.1)无解 (x, y, z)．

$$a^x+b^y=z^2,\ \min\{x, y\}>1,\ x, y, z\in\mathbf{N} \tag{4.5.1}$$

本书运用初等数论方法证明了以下一般性的结果定理 4.5.1.

定理 4.5.1　如果 a 是适合 $a\equiv\pm 3 \pmod 8$ 的奇素数，b 有约数 d 可使式(4.5.2)成立．式中，$\left(\frac{*}{*}\right)$是 Jacobi 符号，则方程(4.5.1)仅有解

$$\left(\frac{a}{d}\right)=-1 \tag{4.5.2}$$

$$(a, b, x, y, z)=(11, 3, 4, 5, 122) \tag{4.5.3}$$

显然，数组 $(a, b)=(3, 5)$，$(3, 85)$，$(5, 43)$ 和 $(5, 63)$ 都满足定理 4.5.1 的条件，所以参考文献[134]~[137]的结果都是定理 4.5.1 的推论．

4.5.2　若干引理

引理 4.5.1　如果正奇数 a 和 d 满足式(4.5.2)，则 $d>1$ 且 d 必有奇素因数 q 可使

$$\left(\frac{a}{q}\right)=-1 \tag{4.5.4}$$

证明 因为$\frac{a}{1}=1$，所以 a 和 d 满足等式(4.5.2)必有 $d>1$. 将 d 表示成奇素数 q_1，q_2，…，q_k 的乘积，即 $d=q_1q_2\cdots q_k$. 根据参考文献[53]第 3.6 节，从式(4.5.2)可得

$$\left(\frac{a}{d}\right)=\prod_{i=1}^{k}\left(\frac{a}{q_i}\right)=-1 \tag{4.5.5}$$

由于$\left(\frac{a}{q_i}\right)=\pm1(i=1,2,\cdots,k)$，故从式(4.5.5)可知必有 $q_j(1\leqslant j\leqslant k)$ 满足$\left(\frac{a}{q_j}\right)=-1$，因为 q_j 是 d 的奇素因数，所以取 $q=q_j$，即得式(4.5.5). 证毕.

引理 4.5.2 设 p 是奇素数，X 和 Y 是适合 $X>Y$ 以及 $\gcd(X,Y)=1$ 的正整数，又设 $d=\gcd(X-Y,X^{p-1}+X^{p-2}Y+\cdots+Y^{p-1})=1$. 如果 $X\equiv Y(\bmod p)$，则 $d=p$ 且 $P\parallel X^{P-1}+X^{P-2}Y+\cdots+Y^{p-1}$，否则 $d=1$.

证明 参阅参考文献[138].

引理 4.5.3 设 n 是大于 3 的正整数. 方程(4.5.6)仅有解$(n,X,Y,Z)=(5,3,-1,11)$.

$$X^n+Y^n=2Z^2,\ XYZ\neq0,\ |X|>|Y|,\ \gcd(X,Y)=1,\quad X,Y,Z\in\mathbf{N} \tag{4.5.6}$$

证明 参阅参考文献[139]的定理 1.1.

4.5.3 定理 4.5.1 的证明

设(x,y,z)是方程(4.5.1)的一组解. 因为 a 和 b 都是奇数，所以从方程(4.5.1)可知

$$2\mid z \tag{4.5.7}$$

如果 x 是奇数，则因 $\gcd(a,b)=1$，并且从方程(4.5.1)可知 $z^2\equiv a^x(\bmod b)$，所以如式(4.5.8)所示的同余式有解.

$$X^2\equiv a(\bmod b) \tag{4.5.8}$$

又由式(4.5.8)可知，对于 b 的任何约数 d，同余式(4.5.9)都有解.

$$X^2\equiv a(\bmod d) \tag{4.5.9}$$

因此，根据 Jacobi 符号的定义(见参考文献[53]第 3.6 节)，由式(4.5.9)可知：对于 b 的任何约数 d 都有 $\left(\frac{a}{d}\right)=1$，与题设条件(4.5.2)矛盾．由此可知在定理4.5.1 的题设条件下，方程(4.5.1)的解(x，y，z)必定满足

$$2 \mid x \tag{4.5.10}$$

因为 $\gcd(a, b)=1$ 且 $2 \nmid ab$，所以从方程(4.5.1)、式(4.5.7)和式(4.5.10)可知式(4.5.11)，从方程(4.5.11)可得方程(4.5.12)，又从方程(4.5.12)可得式(4.5.13)和式(4.5.14)．

$$b^y=z^2-a^x=\left(z+a^{\frac{x}{2}}\right)\left(z-a^{\frac{x}{2}}\right),\ \gcd\left(z+a^{\frac{x}{2}},\ z-a^{\frac{x}{2}}\right)=1 \tag{4.5.11}$$

$$z+a^{\frac{x}{2}}=f^y,\ z-a^{\frac{x}{2}}=g^y,\ b=fg,\ f>g,\ \gcd(f,\ g)1,\quad f,\ g\in\mathbf{N} \tag{4.5.12}$$

$$2z=f^y+g^y \tag{4.5.13}$$

$$2a^{\frac{x}{2}}=f^y-g^y \tag{4.5.14}$$

如果 $2 \mid y$，则从方程(4.5.1)、式(4.5.7)和式(4.5.10)可得方程(4.5.14)这一矛盾．

$$0\equiv z^2\equiv a^x+b^y\equiv 1+1\equiv 2(\bmod 4) \tag{4.5.15}$$

故必有

$$2 \nmid y \tag{4.5.16}$$

又因 $y>1$，所以从式(4.5.16)可知 y 必有奇素因数 p，故有

$$y=pr,\ 2\nmid r,\ r\in\mathbf{N} \tag{4.5.17}$$

将方程(4.5.17)代入方程(4.5.14)，可得

$$2a^{\frac{x}{2}}=(f^r)^p-(g^r)^p=(f^r-g^r)\left[f^{r(p-1)}+f^{r(p-2)}g^r+\cdots+g^{r(p-1)}\right] \tag{4.5.18}$$

由于 a 是奇素数，f^r-g^r 是偶数，所以根据引理 4.5.2，从方程(4.5.18)可得方程(4.5.19)或方程(4.5.20)．

$$f^r\equiv g^r(\bmod a),\ p=a,\ f^r-g^r=2a^{x/2-1},\ f^{r(p-1)}+f^{r(p-2)}g^r+\cdots+g^{r(p-1)}=a \tag{4.5.19}$$

$$f^r\not\equiv g^r(\bmod a),\ f^r-g^r=2,\ f^{r(p-1)}+f^{r(p-2)}g^r+\cdots+g^{r(p-1)}=a^{\frac{x}{2}} \tag{4.5.20}$$

当方程(4.5.19)成立时，因为 $f>g\geqslant 1$，故有方程(4.5.21)这一矛盾．

$$a = f^{r(p-1)} + f^{r(p-2)}g^{r} + \cdots + g^{r(p-1)} = f^{r(a-1)} + f^{r(a-2)}g^{r} + \cdots + g^{r(a-1)} > 1 + 1 + \cdots + 1 = a \quad (4.5.21)$$

当方程(4.5.20)成立时，因为 $f^{r} - g^{r} = (f-g)(f^{r-1} + f^{r-2}g^{r} + \cdots + g^{r-1})$ 且 $f-g \geqslant 2$，所以从方程(4.5.20)中第2个等式可知式(4.5.22)，从方程(4.5.17)，方程(4.5.19)和方程(4.5.22)可得方程(4.5.23).

$$r = 1,\ f - g = 2 \quad (4.5.22)$$

$$f^{y-1} + f^{y-2}g^{r} + \cdots + g^{y-1} = a^{\frac{x}{2}} \quad (4.5.23)$$

设 d 是 b 满足式(4.5.2)的约数. 根据引理4.5.1可知此时 d 必有奇素因数 q 满足等式(4.5.4). 由于 q 也是 b 的奇素因数，又从方程(4.5.12)可知 $b = fg$，故必有 q/f 或 q/g. 因为 f 和 g 在方程(4.5.23)中是对称的，所以不妨假定

$$q \mid f \quad (4.5.24)$$

从方程(4.5.23)和式(4.5.24)可得

$$g^{y-1} \equiv a^{\frac{x}{2}} (\bmod q) \quad (4.5.25)$$

由于从式(4.5.16)可知 $y-1$ 是偶数，所以当 $\frac{x}{2}$ 是奇数时，从式(4.5.25)可知式(4.5.25)与式(4.5.4)矛盾.

$$\left(\frac{a}{q}\right) = 1 \quad (4.5.26)$$

由此可知 $\frac{x}{2}$ 必为偶数，即

$$4 \mid x \quad (4.5.27)$$

从方程(4.5.22)，方程(4.5.23)和式(4.5.24)可得

$$f^{y} - g^{y} = 2(a^{x/4})^{2} \quad (4.5.28)$$

当 $y = 3$ 时，从方程(4.5.22)和方程(4.5.28)可知

$$(a^{x/4})^{2} - 3(g+1)^{2} = 1 \quad (4.5.29)$$

又从方程(4.5.29)可知方程(4.5.30)有如式(4.5.31)所示的解.

$$u^{2} - 3v^{2} = 1,\quad u,\ v \in \mathbf{N} \quad (4.5.30)$$

$$(u,\ v) = (a^{x/4},\ g+1) \quad (4.5.31)$$

对于正整数 k，设式(4.5.32)成立，因为 $(u,\ v) = (2,\ 1)$ 是方程(4.5.30)

的最小解，所以根据参考文献[53]的定理 10.9.1 和定理 10.9.2，从方程(4.5.32)可知$(u, v)=(u_k, v_k)(k=1, 2, \cdots)$是方程(4.5.29)的全部解.

$$u_k+v_k\sqrt{3}=(2+\sqrt{3})^k \tag{4.5.32}$$

由于$2 \nmid a$，故从式(4.5.31)和方程(4.5.32)可得

$$a^{x/4}+(g+1)\sqrt{3}=(2+\sqrt{3})^{2s},\ s\in \mathbf{N} \tag{4.5.33}$$

此时，从方程(4.5.32)和方程(4.5.33)可知

$$a^{x/4}+(g+1)\sqrt{3}=[(2+\sqrt{3})^s]^2=(u_s+v_s\sqrt{3})^2=(u_s^2+3v_s^2)^2u_sv_s\sqrt{3} \tag{4.5.34}$$

又因$u_s^2-3v_s^2=1$，从方程(4.5.34)可得

$$a^{x/4}=2u_s-1 \tag{4.5.35}$$

从方程(4.5.35)可知$\left(\frac{2}{a}\right)=1$，故从参考文献[53]的定理 3.6.3 可知$a\pm 1(\mathrm{mod}8)$，与题设$a\pm 3(\mathrm{mod}8)$矛盾. 由此可知$y\neq 3$，故有

$$y\geqslant 5 \tag{4.5.36}$$

因为从式(4.5.16)和方程(4.5.28)可知式(4.5.37)，所以根据引理 4.5.3，从式(4.5.36)和方程(4.5.37)可得式(4.5.38).

$$f^y+(-g)^y=2(a^{x/4})^2 \tag{4.5.37}$$

$$y=5,\ f=3,\ g=1,\ a=11,\ x=4 \tag{4.5.38}$$

因此，从方程(4.5.12)、方程(4.5.13)和方程(4.5.38)可知：在题设条件下，方程(4.5.1)仅有解(4.5.3). 定理 4.5.1 证完.

第5章

两类椭圆曲线的整数点问题

5.1 一类广义椭圆曲线的整数点问题

5.1.1 引言及结论

椭圆曲线理论已经被数论学家广泛深入研究了100多年，集数论、代数、几何和复变函数论于一体的椭圆曲线理论，不仅具有极佳的优美性和挑战性，还具有很强的实用性和应用性．前文提到的费马大定理就是由英国数学家Wiles应用了大量极为深奥的椭圆曲线理论彻底解决的．英国数学家Birch和Swinnerton-Dyer在20世纪60年代提出的著名的21世纪7个千禧难题之一的BSD猜想，就是与椭圆曲线有理点有关的极具挑战性的难题．椭圆曲线理论在素性检测、大数分解以及离散对数中的算法更使得椭圆曲线密码体制(Elliptic Curve Cryptosystem, ECC)在近几十年里成为密码领域流行的标准术语，并得到了十分广泛的应用．确定椭圆曲线的整数点一直是数论及其相关领域的一个引人关注的研究课题，有关这方面的理论研究成果在现代科技中也有广泛的应用(参阅参考文献[140])．

近些年来，确定椭圆曲线的整数点是数论与算术代数几何中十分有趣的问题，在解决这一问题时使用了很多高等方法(参阅参考文献[141]~[143])．

1987 年，在参考文献[144]中，Zagier 询问如式(5.1.1)所示的椭圆曲线的最大整数点是否如式(5.1.2)所示.

$$y^2=x^3+27x-62 \tag{5.1.1}$$

$$(x,\ y)=(28844402,\ \pm 154914585540) \tag{5.1.2}$$

由于这是一类典型的秩等于 1 且是一种有大整数点的椭圆曲线，所以该问题对于讨论椭圆曲线的算术性质有着重要的意义. 这个问题提出之后直到 2009 年，Zhu 和 Chen 在参考文献[145]中利用有关代数数论和 p－adic 分析的计算方法解答了该问题，他们证明了椭圆曲线(5.1.1)仅有整数点$(x,\ y)=(2,\ 0)$和式(5.1.2). He 和 Zhang 在参考文献[146]中利用初等方法给出了一个更为简洁的证明. 有趣的是，2013 年 Karaati 和 Keskin 在参考文献[147]中利用广义的 Fibonacci 与 Lucas 数列的性质以及初等方法也给出了方程(5.1.1)的一个新的证明方法.

设 n 是一个正奇数. 下面讨论如式(5.1.3)所示的广义的椭圆曲线.

$$y^2=x^3+(36n^2-9)x-2(36n^2-5) \tag{5.1.3}$$

显然，当 $n=1$ 时，椭圆曲线方程(5.1.1)是椭圆曲线方程(5.1.3)的特殊情形. 利用初等分析方法并结合二次与四次 Diophantine 方程的性质证明了定理 5.1.1.

定理 5.1.1　如果 $n>1$，且 $6n^2-1$ 和 $12n^2+1$ 都是奇素数，那么方程(5.1.3)仅有整数点$(x,\ y)=(2,\ 0)$.

由定理 5.1.1 可知，当 $n=3,\ 13,\ 17$ 时，方程(5.1.3)仅有平凡的整数点. 因此可以看出方程(5.1.1)是有大整数点的异常椭圆曲线.

5.1.2　几个引理

设 $\mathbf{N}$ 是所有正整数的集合. 令 D 是一个非平方的整数.

引理 5.1.1　方程(5.1.4)有解$(u,\ v)$，并有满足 $u_1+v_1\sqrt{D}\leqslant u+v\sqrt{D}$的唯一解$(u_1,\ v_1)$，其中$(u,\ v)$跑遍方程(5.1.4)的所有解.

$$u^2-Dv^2=1,\ u,\ v\in \mathbf{N} \tag{5.1.4}$$

这样的$(u_1,\ v_1)$称为方程(5.1.4)的最小解. 更进一步，对任意的正整数 k，设式(5.1.5)成立，则$(u, v)=(u_k, v_k)(k=1, 2, \cdots)$是方程(5.1.1)的所有解.

$$u_k+v_k\sqrt{D}=(u_1+v_1\sqrt{D})^k \tag{5.1.5}$$

证明 参阅参考文献[148]的第 8.1 节.

引理 5.1.2 对任意的正整数 n，方程(5.1.6)的最小解是$(u_1, v_1)=(24n^2+1, 2n)$.

$$u^2-12(12n^2+1)v^2=1, \quad u, v\in\mathbf{N} \tag{5.1.6}$$

证明 因为$(24n^2+1)^2-12(12n^2+1)(2n)^2=1$，方程(5.1.6)有解$(u, v)=(24n^2+1, 2n)$，根据引理 5.1.1，如果$(u_1, v_1)\neq(24n^2+1, 2n)$，那么有式(5.1.7)这一矛盾.

$$\begin{aligned}2(24n^2+1)>(24n^2+1)+2n\sqrt{12(12n^2+1)}\geqslant(u_1+v_1\sqrt{12(12n^2+1)})^2> \\ 12(12n^2+1)v_1{}^2\geqslant 12(12n^2+1)>2(24n^2+1)\end{aligned} \tag{5.1.7}$$

因此得出$(u_1, v_1)=(24n^2+1, 2n)$. 引理 5.1.2 得证.

引理 5.1.3 方程(5.1.8)至多有两个解(X, Y).

$$X^2-DY^4=1, \quad X, Y\in\mathbf{N} \tag{5.1.8}$$

而且，如果方程(5.1.8)恰好有两个解$(X, Y)=(X_1, Y_1)$和(X_2, Y_2)满足$X_1<X_2$，那么可得以下内容.

(1)$D=1785\times 2^{4r}$，其中$r\in\{0, 1\}$，$(X_1, Y_1)=(169, 2^{1-r})$，$(X_2, Y_2)=(6525617281, 6214\times 2^{1-r})$.

(2)$D\neq 1785\times 2^{4r}$，$(X_1, Y_1^2)=(u_1, v_1)$，$(X_2, Y_2^2)=(u_2, v_2)$，其中$(u_j, v_j)(j=1, 2)$由方程(5.1.5)所定义.

证明 参阅参考文献[149].

引理 5.1.4 方程(5.1.9)仅有唯一解$(X, Y)=(5, 1)$.

$$X^2-24Y^4=1, \quad X, Y\in\mathbf{N} \tag{5.1.9}$$

证明 因为方程(5.1.10)的最小解是$(u_1, v_1)=(5, 1)$，所以由方程(5.1.5)可得$(u_2, v_2)=(49, 10)$.

$$u^2-24v^2=1, \quad u, v\in\mathbf{N} \tag{5.1.10}$$

因此，根据引理5.1.3，方程(5.1.9)仅有唯一解$(X, Y)=(5, 1)$. 引理5.1.4得证.

引理5.1.5　设(X, Y)是方程(5.1.8)的解. 如果(u_k, v_k)由方程(5.1.5)定义，那么存在一个正整数k使得$(X, Y)=(u_k, v_k)$. 而且，如果$2 \mid k$，那么就有以下内容.

(1)$D=1785\times 2^{4r}$，其中$r\in\{0, 1\}$，$k=4$.

(2)$D\neq 1785\times 2^{4r}$，$k=2$.

证明　参阅参考文献[150].

引理5.1.6　如果$n>1$是一个正奇数，那么方程(5.1.11)无解(X, Y).

$$X^2-12(12n^2+1)Y^4=1,\quad X, Y\in\mathbf{N} \tag{5.1.11}$$

证明　假设(X, Y)是方程(5.1.11)的解. 那么根据引理5.1.2，$(u_1, v_1)=(24n^2+1, 2n)$是方程(5.1.6)的最小解. 因此由引理5.1.1和引理5.1.5可得

$$X+Y^2\sqrt{12(12n^2+1)}=\left[(24n^2+1)+2n\sqrt{12(12n^2+1)}\right]^k,\ k\in\mathbf{N} \tag{5.1.12}$$

由于$2\nmid n$，那么由方程(5.1.12)可得$2\mid Y$，$4\mid Y^2$以及$2\mid k$. 于是，因为$12(12n^2+1)\neq 1785\times 2^{4r}$，再利用引理5.1.5可得$k=2$. 将其代入方程(5.1.12)可得

$$Y^2=4n(24n^2+1) \tag{5.1.13}$$

因为$\gcd(4n, 24n^2+1)=1$，由方程(5.1.13)可得式(5.1.14)，由方程(5.1.14)亦可得式(5.1.15).

$$n=a^2,\ 24n^2+1=b^2,\ Y=2ab,\ \gcd(a, b)=1,\quad a, b\equiv\mathbf{N} \tag{5.1.14}$$

$$b^2-24a^4=1 \tag{5.1.15}$$

又因为由方程(5.1.14)可得$n>1$与$a>1$，可推出方程(5.1.9)有满足$Y>1$的解$(X, Y)=(b, a)$. 但是由引理5.1.4可知这是不可能的. 因此，方程(5.1.11)无解. 引理5.1.6得证.

引理5.1.7　对满足$2\nmid D$任意固定的D，恰好存在一个正整数对(D_1, D_2, θ)使得式(5.1.16)成立，同时使方程(5.1.17)有解(U, V).

$$D = D_1 D_2,\ \gcd(D_1,\ D_2) = 1,\ \theta \in \{1,\ 2\},\ (D_1,\ D_2,\ \theta) \neq (1,\ D,\ 1) \tag{5.1.16}$$

$$D_1 U^2 - D_2 V^2 = \theta,\ \gcd(U,\ V) = 1,\quad U,\ V \in \mathbf{N} \tag{5.1.17}$$

证明 参阅参考文献[48].

引理 5.1.8 对任意的正奇数 n，方程(5.1.18)和方程(5.1.19)无解$(U,\ V)$.

$$3U^2 - (12n^2 + 1)V^2 = 2,\ \gcd(U,\ V) = 1,\quad U,\ V \in \mathbf{N} \tag{5.1.18}$$

$$3(12n^2 + 1)U^2 - V^2 = 2,\ \gcd(U,\ V) = 1,\quad U,\ V \in \mathbf{N} \tag{5.1.19}$$

证明 注意到 $2 \nmid 3(12n^2+1)$，$\gcd(3,\ 12n^2+1) = 1$，$(12n^2+1) \times 1^2 - 3 \times (2n)^2 = 1$，以及方程(5.1.20)有解$(U,\ V)$. 根据引理 5.1.7 即可得出引理 5.1.8.

$$(12n^2 + 1)U^2 - 3V^2 = 1,\ \gcd(U,\ V) = 1,\quad U,\ V \in \mathbf{N} \tag{5.1.20}$$

引理 5.1.9 设 D_1、D_2 是满足 $\min\{D_1,\ D_2\} > 1$ 且互素的正整数. 如果方程(5.1.21)有解$(U,\ V)$，那么其有满足 $U_1\sqrt{D_1} + V_1\sqrt{D_2} \leqslant U\sqrt{D_1} + V\sqrt{D_2}$ 的唯一解$(U_1,\ V_1)$，其中$(U,\ V)$跑遍方程(5.1.17)的所有解. 这样的解$(U_1,\ V_1)$称为方程(5.1.17)的最小解.

$$D_1 U^2 - D_2 U^2 = 1,\ \gcd(U,\ V) = 1,\quad U,\ V \in \mathbf{N} \tag{5.1.21}$$

进一步来说，对任意非负整数 s，令式(5.1.22)成立，那么$(U,\ V) = (U_{2s+1},\ V_{2s+1})$$(s = 0,\ 1,\ 2,\ \cdots)$是方程(5.1.21)的全部解.

$$U_{2s+1}\sqrt{D_1} + V_{2s+1}\sqrt{D_2} = (U_1\sqrt{D_1} + V_1\sqrt{D_2})^{2s+1} \tag{5.1.22}$$

证明 参阅参考文献[151].

引理 5.1.10 方程(5.1.20)的所有解$(U,\ V)$满足 $2 \mid V$.

证明 显然，方程(5.1.20)的所有解$(U,\ V) = (1,\ 2n)$. 如果$(U_1,\ V_1) \neq (1,\ 2n)$，那么由引理 5.1.9 可得式(5.1.23)这一矛盾.

$$2\sqrt{12n^2+1} > \sqrt{12n^2+1} + 2n\sqrt{3} \geqslant (U_1\sqrt{12n^2+1} + V_1\sqrt{3})^3 >$$
$$(12n^2+1)^{\frac{3}{2}} U_1^3 \geqslant (12n^2+1)^{\frac{3}{2}} > 2\sqrt{12n^2+1} \tag{5.1.23}$$

因此，可知$(U_1,\ V_1) = (1,\ 2n)$. 而且，再由引理 5.1.9 可知方程(5.1.20)的每一个解$(U,\ V)$可由式(5.1.24)来表示，其中 s 是一个非负整数.

$$U\sqrt{12n^2+1}+V\sqrt{3}=(\sqrt{12n^2+1}+2n\sqrt{3})^{2s+1} \tag{5.1.24}$$

于是由方程(5.1.24)可得 $2n \mid V$. 引理 5.1.10 得证.

5.1.3　定理 5.1.1 的证明

设 $n>1$ 是一个正奇数，令

$$m=36n^2-5,\ p=12n^2+1,\ q=6n^2-1 \tag{5.1.25}$$

假设 p 和 q 都是奇素数．由方程(5.1.25)可得

$$m\equiv 7(\bmod 8),\ p\equiv 5(\bmod 8),\ q\equiv 5(\bmod 8) \tag{5.1.26}$$

根据方程(5.1.3)和方程(5.1.25)有

$$y^2=(x-2)(x^2+2x+m) \tag{5.1.27}$$

由于 $x^2+2x+m>0$，由方程(5.1.27)可知椭圆曲线方程(5.1.3)有唯一的整数点 $(x,\ y)=(2,\ 0)$ 满足 $y=0$.

假定 $(x,\ y)$ 是方程(5.1.3)满足 $y\neq 0$ 的一个整数点．因为 $y^2>0$ 及 $x^2+2x+m>0$，由方程(5.1.27)可得 $x-2>0$. 令 $d=\gcd(x-2,\ x^2+2x+m)$．由于 $d\mid(m+8)$ 和 $m+8=36n^2+3=3(12n^2+1)=3p$，其中 p 是满足 $p\neq 3$ 的奇素数，所以有

$$d\in\{1,\ 3,\ p,\ 3p\} \tag{5.1.28}$$

根据式(5.1.28)，证明以下 4 种情形下整数点 $(x,\ y)$ 不存在.

情形 1　$d=1$.

由方程(5.1.27)可知

$$x-2=a^2,\ x^2+2x+m=b^2,\ y=\pm ab,\ \gcd(a,\ b)=1,\quad a,\ b\in\mathbf{N} \tag{5.1.29}$$

根据方程(5.1.29)的第 2 个等式可得

$$b^2-(x+1)^2=m-1=36n^2-6 \tag{5.1.30}$$

因为 $2\mid(36n^2-6)$，由方程(5.1.30)可知 b 和 $x+1$ 具有同样的奇偶性．于是，根据方程(5.1.30)可得 $2\equiv 36n^2-6\equiv b^2-(x+1)^2\equiv 0(\bmod 4)$，矛盾.

情形 2 $d=3$.

由方程(5.1.27)可得

$$x-2=3a^2,\ x^2+2x+m=3b^2,\ y=\pm 3ab,\ \gcd(a,b)=1,\quad a,b\in\mathbf{N} \tag{5.1.31}$$

根据方程(5.1.31)的前 2 个式子可得

$$3(a^2+1)^2+2q=b^2 \tag{5.1.32}$$

因为 $2\nmid q$，由方程(5.1.32)可知 a^2+1 和 b 都是奇数．于是，根据式(5.1.26)和方程(5.1.32)可得 $2\equiv 2q\equiv b^2-3(a^2+1)^2\equiv 1-3\equiv 6\pmod 8$，矛盾．

情形 3 $d=p$.

由方程(5.1.27)可得

$$x-2=pa^2,\ x^2+2x+m=pb^2,\ y=\pm pab,\ \gcd(a,b)=1,\quad a,b\in\mathbf{N} \tag{5.1.33}$$

根据方程(5.1.25)和方程(5.1.33)可知

$$3(a^2+1)^2+2qa^4=b^2 \tag{5.1.34}$$

如果 $2\mid a$，那么根据方程(5.1.34)可得 $2\nmid(a^2+1)b$ 且 $0\equiv 2qa^4\equiv b^2-3(a^2+1)^2\equiv 1-3\equiv 6\pmod 8$，矛盾．如果 $2\nmid a$，那么可得 a^2+1 和 b 都是偶数，而且 $2\equiv 2qa^4\equiv b^2-3(a^2+1)^2\equiv 0\pmod 4$，矛盾．

情形 4 $d=3p$.

由方程(5.1.27)可得

$$x-2=3pa^2,\ x^2+2x+m=3pb^2,\ y=\pm 3pab,\ \gcd(a,b)=1,\quad a,b\in\mathbf{N} \tag{5.1.35}$$

因此有

$$b^2-(3a^2+1)^2=6qa^4 \tag{5.1.36}$$

如果 $2\nmid a$，那么 $3a^2+1$ 和 b 都是偶数，由方程(5.1.36)可得 $2\equiv 6qa^4\equiv b^2-(3a^2+1)^2\equiv 0\pmod 4$，矛盾．

如果 $2\mid a$，那么有

$$a=2c,\ c\in\mathbf{N} \tag{5.1.37}$$

将方程(5.1.37)代入方程(5.1.36)可得

$$b^2-(12c^2+1)^2=96qc^4 \tag{5.1.38}$$

由于 $\gcd(a, b)=\gcd(2c, b)=1$，所以由方程(5.1.38)可知

$$\gcd[b+(12c^2+1), b-(12c^2+1)]=2 \tag{5.1.39}$$

于是根据方程(5.1.38)可得

$$b+\lambda(12c^2+1)=2e_1f^4,\ b-\lambda(12c^2+1)=2e_2g^4,$$
$$c=fg,\ \lambda\in\{\pm 1\},\ \gcd(f, g),\quad f, g\in\mathbf{N} \tag{5.1.40}$$

其中

$$e_1e_2=24q,\ 2\nmid e_1,\ \gcd(e_1, e_2),\quad e_1, e_2\in\mathbf{N} \tag{5.1.41}$$

由方程(5.1.40)可得

$$e_1f^4-12\lambda f^2g^2-e_2g^4=\lambda \tag{5.1.42}$$

因为 g 是一个奇素数，所以根据方程(5.1.41)可得

$$(e_1, e_2)=(1, 24q), (3, 8q), (q, 24), (3q, 8) \tag{5.1.43}$$

当 $(e_1, e_2)=(1, 24q)$ 时，由方程(5.1.25)和方程(5.1.42)可得

$$f^4-12\lambda f^2g^2-24qg^4=(f^2-6\lambda g^2)^2-(24q+36)g^4=$$
$$(f^2-6\lambda g^2)^2-12(12n^2+1)g^4=\lambda \tag{5.1.44}$$

而且，因为 $\lambda\in\{\pm 1\}$，由方程(5.1.44)可得 $2\nmid(f^2-6\lambda g^2)$，$\lambda=1$ 和式(5.1.45)，这表明方程(5.1.11)有解 $(X, Y)=(|f^2-6g^2|, g)$. 但是 $n>1$，根据引理5.1.6可知这是不可能的.

$$(f^2-6\lambda g^2)^2-12(12n^2+1)g^4=1 \tag{5.1.45}$$

当 $(e_1, e_2)=(3, 8q)$ 时，由方程(5.1.42)可得

$$3(f^2-2\lambda g^2)^2-4(12n^2+1)g^4=\lambda \tag{5.1.46}$$

而且，因为 $\lambda\in\{\pm 1\}$，所以由方程(5.1.46)可得 $2\nmid(f^2-2\lambda g^2)$，$\lambda=-1$ 和式(5.1.47)，这表明方程(5.1.20)有解 $(U, V)=(2g^2, f^2+2g^2)$ 满足 $2\nmid V$. 但是由引理5.1.10可知这是不可能的.

$$(12n^2+1)(2g^2)^2-3(f^2+2g^2)^2=1 \tag{5.1.47}$$

当$(e_1, e_2)=(q, 24)$时，有

$$3(\lambda f^2+4g^2)^2-(12n^2+1)f^4=-2\lambda \tag{5.1.48}$$

于是可得$2\nmid f$, $\lambda=-1$和式(5.1.49).

$$3(-f^2+4g^2)^2-(12n^2+1)(f^2)^2=2 \tag{5.1.49}$$

这表明方程(5.1.18)有解$(U, V)=(|-f^2+4g^2|, f^2)$. 但是由引理5.1.8可知这是不可能的.

当$(e_1, e_2)=(3q, 8)$时，有

$$(3\lambda f^2+4g^2)^2-3(12n^2+1)f^4=-2\lambda \tag{5.1.50}$$

于是可得$\lambda=1$和式(5.1.51).

$$3(12n^2+1)(f^2)^2-(3f^2+4g^2)^2=2 \tag{5.1.51}$$

这表明方程(5.1.19)有解$(U, V)=(f^2, 3f^2+4g^2)$. 但是由引理5.1.8可知这是不可能的.

综上所述，可以得出方程(5.1.3)没有满足$y\neq 0$的整数点(x, y). 定理5.1.1得证.

5.2 一些椭圆曲线在正整数点的判别条件

5.2.1 引言及结论

近些年来，寻找椭圆曲线的整数点是数论和算术代数几何十分引人关注的研究课题. 设p是素数，对于如式(5.2.1)所示椭圆曲线，已有系列相关研究.

$$E: y^2+1=px(x^2+1) \tag{5.2.1}$$

2007年，祝辉林和陈建华在参考文献[152]中证明了椭圆曲线(5.2.1)至多有1组正整数点(x, y). 此后，乐茂华在参考文献[153]中证明了：当$p=2$时，椭圆曲线(5.2.1)仅有正整数点$(x, y)=(1, 2)$；当p是适合$p\not\equiv 1 \pmod 8$的奇素数时，椭圆曲线(5.2.1)没有正整数点. 由此可知，椭圆曲线(5.2.1)的正整数点的存在性只需要考虑$p\equiv 1 \pmod 8$时的情形. 2010年，管训贵在参考文献

[154]中证明了：如果 $p=2^{2^n}+1$ 是 Fermat 素数，其中 m 是大于 1 的正整数，那么椭圆曲线(5.2.1)有正整数点．下面对一般的 p 给出椭圆曲线(5.2.1)有正整数点的判别条件．

对于给定的正整数 n，可唯一地表示成 $n=dm^2$，其中 d 和 m 是正整数且 d 是无平方因子．这样的 d 称为 n 的无平方因子部分，记为 $d(n)$．

设 $\mathbf{N}$ 是全体正整数的集合．由参数文献[155]中第 2.2 节可知：当 $p\equiv 1(\mathrm{mod}4)$ 时，方程(5.2.2)有解 (u, v)，而且该方程有唯一解 (u_1, v_1) 适合 $u_1+v_1\sqrt{p}\leqslant u+v\sqrt{p}$，这里的 (u, v) 通过该方程的所有解．这样的 (u_1, v_1) 称为方程(5.2.2)的基本解．

$$u^2-pv^2=-1,\ u,\ v\in \mathbf{N} \tag{5.2.2}$$

对于正奇数 k，设式(5.2.3)成立，此时，$(u, v)=(u_k, v_k)(k=1, 3, 5, \cdots)$ 是方程(5.2.2)的全部解．

$$u_k+v_k\sqrt{p}=(u_1+v_1\sqrt{p})^k \tag{5.2.3}$$

本书利用初等数论方法证明了以下结论，即定理 5.2.1.

定理 5.2.1　当 $p\equiv 1(\mathrm{mod}8)$ 时，椭圆曲线(5.2.2)有正整数点的充要条件是 $2\nmid d(u_1)$ 且 $u_{d(u_1)}$ 是平方数．其中 (u_1, v_1) 是方程(5.2.2)的基本解，$[u_{d(u_1)}, v_{d(u_1)}]$ 满足方程(5.2.3)．当此条件成立时，方程(5.2.3)仅有如式(5.2.4)所示的正整数点．

$$(x, y)=[u_{d(u_1)},\ pv_{d(u_1)}\sqrt{u_{d(u_1)}}] \tag{5.2.4}$$

定理 5.2.2　当 $p\equiv 9(\mathrm{mod}16)$ 时，椭圆曲线(5.2.1)没有正整数点．

定理 5.2.3　当 $p=16r^4+1$(其中 r 是正整数)时，方程(5.2.2)必有正整数点．

显然，定理 5.2.2 改进了参考文献[153]的结果，定理 5.2.3 包含了参考文献[153]的结论，并且由此可推知椭圆曲线(5.2.1)在 $p=2107$ 等不是 Fermat 素数的情况下也有正整数点．

另外，由于参考文献[156]已经证明：当 $3\nmid d(u_1)$ 或 $5\nmid d(u_1)$ 时，$u_{d(u_1)}$ 不是平方数；并且猜测：当 $d(u_1)$ 是大于 1 的正奇数时，$u_{d(u_1)}$ 都不是平方数．因此本书提出了猜想 5.2.1.

猜想 5.2.1 当 $p\equiv 1 \pmod{16}$ 时，椭圆曲线(5.2.1)有正整数点的充要条件是 u_1 为平方数，这里 (u_1, v_1) 是方程(5.2.2)的基本解.

5.2.2 一个引理

引理 5.2.1 设 D 是无平方因子的正整数. 方程(5.2.5)有解的充要条件是方程(5.2.6)有解 (u, v)，它的基本解 (u_1, v_1) 适合 $2\nmid d(u_1)$，而且 $u_{d(u_1)}$ 是平方数，其中 $u_{d(u_1)}$ 适合方程(5.2.7).

$$X^4 - DY^2 = -1,\ X,\ Y\in \mathbf{N} \tag{5.2.5}$$

$$u^2 - Dv^2 = -1,\ u,\ v\in \mathbf{N} \tag{5.2.6}$$

$$u_{d(u_1)} + v_{d(u_1)}\sqrt{D} = (u_1 + v_1\sqrt{D})^{d(u_1)} \tag{5.2.7}$$

当此条件成立时，方程(5.2.1)仅有一组解 $(X, Y) = [\sqrt{u_{d(u_1)}},\ v_{d(u_1)}]$.

证明 参阅参考文献[157].

5.2.3 定理 5.2.1 ~5.2.3 的证明

定理 5.2.1 的证明如下. 由参考文献[153]的分析可知：当 $p\equiv 1 \pmod 8$ 时，椭圆曲线(5.2.1)有正整数点的充要条件是 p 满足

$$a^4 + 1 = pb^2,\quad a,\ b\in \mathbf{N},\ 2\mid a \tag{5.2.8}$$

当条件(5.2.8)成立时，椭圆曲线(5.2.1)仅有正整数点

$$(x,\ y) = (a^2,\ pab) \tag{5.2.9}$$

由于条件(5.2.8)成立等价于方程(5.2.10)有解 (X, Y)，所以根据引理 5.2.1 即可得到定理 5.2.1. 定理 5.2.1 证毕.

$$X^4 - pY^2 = 1,\quad X,\ Y\in \mathbf{N} \tag{5.2.10}$$

定理 5.2.2 的证明如下. 当 p 满足条件(5.2.8)时，如果 $b=1$，那么因为 $2\mid a$，于是由条件(5.2.8)可得式(5.2.11)；如果 $b>1$，那么由条件(5.2.8)可知式(5.2.12)，而且满足式(5.2.13).

$$p\equiv 1 \pmod{16} \tag{5.2.11}$$

$$b \equiv 1 \pmod{4} \tag{5.2.12}$$

$$p^4 + 1 \equiv 0 \pmod{b} \tag{5.2.13}$$

因为由式(5.2.13)可得

$$(a^2 + 1)^2 \equiv 2a^2 \pmod{b} \tag{5.2.14}$$

式中 a 是适合 $\gcd(a, b) = 1$ 的整数，故由式(5.2.14)可得

$$\left(\frac{2}{b}\right) = 1 \tag{5.2.15}$$

式中，$\left(\frac{*}{*}\right)$是 Jacobi 符号，于是根据 Jacobi 符号的性质(参阅参考文献[53]的定理3.6.3)，由式(5.2.12)和式(5.2.15)可得出 $b \equiv 1 \pmod{8}$．因此 $b^2 \equiv 1 \pmod{16}$，并且由方程(5.2.8)可知此时 p 也满足式(5.2.11)．由此可知：当 $p \equiv 9 \pmod{16}$时，椭圆曲线(5.2.1)没有正整数点．定理5.2.2证毕．

定理5.2.3的证明如下．当 $p = 16r^4 + 1$ 时，因为条件(5.2.8)在 $a = 2r$ 且 $b = 1$时成立，故由参考文献[153]可知此时椭圆曲线(5.2.1)必有正整数点．定理5.2.3证毕．

第6章

界的估计

6.1 一类有不可约二次因式的三项式

6.1.1 引言及结论

设 **Z**、**N**、**Q** 分别表示所有整数、正整数和有理数的集合．三项式的可约性已经有很多学者做过研究(如参考文献[158]~[162])．本书讨论了 **Q** 上一类有不可约二次因式的三项式．令式(6.1.1)及式(6.1.2)成立，那么如果 $g(X)\mid f(X)$ 且 $g(X)$ 在 **Q** 上是不可约的，那么称 $g(X)$ 是 $f(X)$ 的一个不可约二次因式．

$$f(X)=X^n-BX+A\in Z[X],\ n\geqslant 5,\ AB\neq 0 \tag{6.1.1}$$

$$g(X)=X^2-bX+a\in Z[X] \tag{6.1.2}$$

1968 年，Rabinowitz 在参考文献[163]中证明了如果 $n=5$，$B=\pm 1$ 且 $f(X)$ 有一个不可约的二次因式，那么当 $B=1$ 或 -1 时分别对应 $A\in\{\pm 15,\ \pm 22440,\ \pm 2759640\}$ 或 $A\in\{\pm 1,\ \pm 6\}$．之后不久，这样的三项式 $f(X)$ 在限定 n 与 B 的取值范围时分别被研究并确定，如陈宏基在参考文献[164]中研究了 $n>512880$ 且 $B=1$ 时的情形，乐茂华在参考文献[165]中研究了 $n>5$ 且 $B=1$ 时的情形，林木

元在参考文献[166]中研究了 $n>5$ 且 $B=-1$ 时的情形，Yang 在参考文献[167]中研究了 $n>\max\left\{512900,\ \frac{8}{7}|B|\right\}$ 时的情形，刘志伟在参考文献[168]中研究了 $n\geqslant\max\left\{30,\ \frac{1}{2}(|B|+1)\right\}$ 时的情形.

利用 Thue 方程解的有效上下界(参考文献[83]的第5章)，Ribenboim 在参考文献[169]中证明了如果 $f(X)$ 有一个不可约二次因式，那么就有 $|B|<C_1(n,A)$ 和 $|A|<C_2(n,B)$ 成立，其中 $C_1(n,A)$ 和 $C_2(n,B)$ 是分别依赖于 n，A 和 n，B 的可计算有效正整数. 显然这样的 $C_1(n,A)$ 和 $C_2(n,B)$ 是非常大的.

本书利用两个复数形式对数的下界估计(参考文献[170])分别给出 $|A|$ 和 $|B|$ 的上界，而且这两个值均与 n 无关. 即证明了定理 6.1.1.

定理 6.1.1　如果 $n>40000$ 且 $f(X)$ 有一个不可约的二次因式，那么有 $|B|\leqslant|A|^{\frac{3}{2}}$ 和 $|A|\leqslant|B|^{\frac{3}{2}}$ 成立.

需要注意的是，Herendi 等在参考文献[171]中将参考文献[169]的结论推广到形如 X^n-BX^k+A 的一般三项式，其中 k 是满足 $k<n$ 的一个固定的正整数. 利用 Lucas 数的整除性(参阅参考文献[172])，由上述定理可得 X^n-BX^k+A 的一个类似结论.

6.1.2　几个引理

这里以及后面本书都假定 $g(X)$ 在 $\mathbf{Q}$ 是不可约的. 根据方程(6.1.2)可知 $g(X)$ 有两个根，如式(6.1.3)所示，其中 $c=b^2-4a$ 是一个非平方数.

$$\alpha=\frac{1}{2}(b+\sqrt{c}),\ \beta=\frac{1}{2}(b-\sqrt{c}) \tag{6.1.3}$$

引理 6.1.1　如果 α 或 β 有一个是单位根，那么就有如下内容.

(1) $g(X)=X^2+1$.

(2) $g(X)=X^2+X+1$.

(3) $g(X)=X^2-X+1$.

证明　在上面的假设下，$g(X)$ 是满足 $\varphi(s)=2$ 的 s 次分圆多项式，其中 φ

$\varphi(s)$是 Euler 函数．于是可得 $s\in\{3, 4, 6\}$．引理 6.1.1 得证．

引理 6.1.2 设 r 是一个非零整数．如果 α 和 β 都不是单位根，但$\frac{\alpha}{\beta}$是单位根，那么可得如下内容．

(1) $g(X)=X^2+r$，其中 $|r|\geqslant 2$ 且 $-r$ 是一个非平方数．

(2) $g(X)=X^2-2rX+2r^2$.

(3) $g(X)=X^2-rX+r^2$，其中 $|r|\geqslant 2$.

(4) $g(X)=X^2-3rX+3r^2$.

证明 令式(6.1.4)成立，及 $h(X)=(X-\varepsilon)(X-\bar{\varepsilon})$.

$$\varepsilon=\frac{\alpha}{\beta},\ \bar{\varepsilon}=\frac{\beta}{\alpha} \tag{6.1.4}$$

由式(6.1.3)和式(6.1.4)可得式(6.1.5)，由于 ε 是一个单位根，根据引理 6.1.1 有 $\varepsilon=\lambda$ 成立，其中 $\lambda\in\{\pm 1\}$，或者有 $h(X)\in\{X^2+1, X^2+X+1, X^2-X+1\}$ 成立．

$$h(X)=X^2-\left(\frac{b^2-2a}{a}\right)X+1 \tag{6.1.5}$$

如果 $\varepsilon=\lambda$，那么由式(6.1.3)和式(6.1.4)可得 $b+\sqrt{c}=\lambda b-\lambda\sqrt{c}$. 因为 c 是一个非平方数，所以有 $(1-\lambda)b=-(1+\lambda)\sqrt{c}=0$. 于是，当 $c\neq 0$ 时可得 $b=0$，$\lambda=-1$. 因此根据式(6.1.3)可得，$\alpha=\sqrt{-a}$，$\beta=-\sqrt{-a}$. 令 $r=a$ 可得 $g(X)=X^2+r$，其中 $-r$ 也是一个平方数．从而由 α 和 β 都不是单位根，可知 $|r|\geqslant 2$ 且 $g(X)$ 满足引理 6.1.2 的条件(1).

如果 $h(x)=X^2+1$，那么由式(6.1.5)可得 $b^2=2a$ 和 $a\neq 0$. 这表明 $a=2r^2$，$b=2r$ 且 $g(X)$ 满足引理 6.1.2 的条件(2).

类似地，如果 $h(X)=X^2+X+1$ 或者 $h(X)=X^2-X+1$ 成立，那么 $g(X)$ 满足引理 6.1.2 的条件(3)或条件(4)．引理 6.1.2 得证．

对任意的非负整数 m，设式(6.1.6)成立，则 $U_m(\alpha, \beta)$ 和 $V_m(\alpha, \beta)$ 都为整数．

$$U_m(\alpha, \beta)=\frac{\alpha^m-\beta^m}{\alpha-\beta},\ V_m(\alpha, \beta)=a^m+\beta^m \tag{6.1.6}$$

引理 6.1.3　如果 $g(X)$ 是 $f(X)$ 的一个不可约二次因式，那么有 $A=aU_{n-1}(\alpha,\beta)$ 和 $B=U_n(\alpha,\beta)$ 成立.

证明　由于 α 和 β 是 $g(X)$ 的根，所以可得 $g(X)\mid f(X)$ 且 $f(\alpha)=f(\beta)=0$. 因此，根据方程(6.1.1)可得

$$\alpha^n-B\alpha+A=0,\beta^n-B\beta+A=0 \tag{6.1.7}$$

由式(6.1.6)和式(6.1.7)即可得 $B=U_n(\alpha,\beta)$ 和 $A=aU_{n-1}(\alpha,\beta)$ 成立. 引理 6.1.3 得证.

引理 6.1.4　设 $g(X)$ 是 $f(X)$ 的一个不可约二次因式，如果 α 或 β 有一个是单位根，那么可得以下内容.

(1) $g(X)=X^2+X+1$，$n\equiv2(\bmod 3)$ 且 $(A,B)=(1,-1)$.

(2) $g(X)=X^2-X+1$，$n\equiv2(\bmod 6)$ 且 $(A,B)=(1,1)$.

证明　根据引理 6.1.1，只需要考虑以下 3 种情形.

情形 1　$g(X)=X^2+1$.

这时有 $\alpha=\sqrt{-1}$ 和 $\beta=\sqrt{-1}$ 成立. 由式(6.1.6)可得

$$U_m(\alpha,\beta)=\begin{cases}0, & 2\mid m\\(-1)^{\frac{m-1}{2}}, & 2\nmid m\end{cases} \tag{6.1.8}$$

因此，根据引理 6.1.3 以及式(6.1.8)可知 $AB=0$，这与式(6.1.1)矛盾.

情形 2　$g(X)=X^2+X+1$.

这时有 $\alpha=\dfrac{-1+\sqrt{-3}}{2}$，$\beta=\dfrac{-1-\sqrt{-3}}{2}$ 以及式(6.1.9)，将引理 6.1.3 用到式(6.1.9)上，由于 $AB\neq0$，可得 $n\equiv2(\bmod 3)$ 且 $(A,B)=(1,-1)$.

$$U_m(\alpha,\beta)=\begin{cases}0, & m\equiv0(\bmod 3)\\1, & m\equiv1(\bmod 3)\\-1, & m\equiv2(\bmod 3)\end{cases} \tag{6.1.9}$$

情形 3　$g(X)=X^2-X+1$.

这时有 $\alpha=\dfrac{1+\sqrt{-3}}{2}$，$\beta=\dfrac{1-\sqrt{-3}}{2}$ 以及式(6.1.10)，由于 $AB\neq0$，由式(6.1.10)可得 $n\equiv2(\bmod 6)$ 且 $(A,B)=(1,1)$.

$$U_m(\alpha,\ \beta)=\begin{cases}0, & m\equiv 0(\bmod 3)\\ 1, & m\equiv 1 \text{ 或 } 2(\bmod 6)\\ -1, & m\equiv 4 \text{ 或 } 5(\bmod 6)\end{cases} \tag{6.1.10}$$

综上，引理 6.1.4 得证.

引理 6.1.5 设 $g(X)$ 是一个二次不可约因式. 如果 α 和 β 都不是单位根，但 $\frac{\alpha}{\beta}$ 是单位根，那么可得以下内容.

(1) $g(X)=X^2-2rX+2r^2$，$n\equiv 2$ 或 $3(\bmod 4)$ 以及式(6.1.11).

$$(A,\ B)=\begin{cases}\left[(-1)^{\frac{n-2}{4}}2^{\frac{n}{2}}\mid r\mid^n,\ (-1)^{\frac{n-2}{4}}2^{\frac{n}{2}}\mid r\mid^{n-1}\lambda\right], & n\equiv 2(\bmod 4)\\ \left[(-1)^{\frac{n-3}{4}}2^{\frac{n+1}{2}}\mid r\mid^n\lambda,\ (-1)^{\frac{n-3}{4}}2^{\frac{n-1}{2}}\mid r\mid^{n-1}\right], & n\equiv 3(\bmod 4)\end{cases} \tag{6.1.11}$$

式中，$|r|\geqslant 2$，$-r$ 是一个非平方数且 $\lambda=\frac{r}{|r|}$.

(2) $g(X)=X^2-rX+r^2$，$n\equiv 2(\bmod 3)$，以及 $(A,\ B)=\left[(-1)^{\frac{n-2}{3}}r^n,\ (-1)^{\frac{n-2}{3}}r^{n-1}\right]$，其中 $r\neq 0$.

(3) $g(X)=X^2-3rX+3r^2$，$n\equiv 2,\ 3,\ 4$ 或 $5(\bmod 6)$ 以及式(6.1.12).

$$(A,\ B)=\begin{cases}\left[(-1)^{\frac{n-2}{2}}3^{\frac{n}{2}}|r|^n,\ (-1)^{\frac{n-2}{2}}3^{\frac{n}{2}}|r|^{n-1}\lambda\right], & n\equiv 2(\bmod 6)\\ \left[(-1)^{\frac{n-3}{2}}3^{\frac{n+1}{2}}|r|^n\lambda,\ (-1)^{\frac{n-3}{2}}2\cdot 3^{\frac{n-1}{2}}|r|^{n-1}\right], & n\equiv 3(\bmod 6)\\ \left[(-1)^{\frac{n}{2}}2\cdot 3^{\frac{n}{2}}|r|^n,\ (-1)^{\frac{n}{2}}3^{\frac{n}{2}}|r|^{n-1}\lambda\right], & n\equiv 4(\bmod 6)\\ \left[(-1)^{\frac{n-1}{2}}3^{\frac{n+1}{2}}|r|^n\lambda,\ (-1)^{\frac{n+1}{2}}3^{\frac{n-1}{2}}|r|^{n-1}\right], & n\equiv 5(\bmod 6)\end{cases} \tag{6.1.12}$$

式中，$r\neq 0$ 且 $\lambda=\frac{r}{|r|}$.

证明 根据引理 6.1.2，只需要考虑以下 4 种情形.

情形1　$g(X)=X^2+1$，其中$|r|\geqslant 2$且$-r$是一个非平方数．

这时可得$\alpha=\sqrt{-r}$，$\beta=-\sqrt{-r}$以及式(6.1.13)，于是根据引理6.1.3以及式(6.1.13)可得$AB=0$，矛盾．

$$U_m(\alpha,\beta)=\begin{cases}0, & 2\mid m\\ |r|^{\frac{m-1}{2}}, & 2\nmid m\end{cases} \tag{6.1.13}$$

情形2　$g(X)=X^2-2rX+2r^2$，其中$r\neq 0$. 这时可得$\alpha=r+|r|\sqrt{-1}$，$\beta=r-|r|\sqrt{-1}$以及式(6.1.14)，其中$\lambda=\frac{r}{|r|}$.

$$U_m(\alpha,\beta)=\begin{cases}0, & m\equiv 0(\bmod 4)\\ (-1)^{\frac{m-1}{4}}2^{\frac{m-1}{2}}|r|^{m-1}, & m\equiv 1(\bmod 4)\\ (-1)^{\frac{m-2}{4}}2^{\frac{m}{2}}|r|^{m-1}\lambda, & m\equiv 2(\bmod 4)\\ (-1)^{\frac{m-3}{4}}2^{\frac{m-1}{2}}|r|^{m-1}, & m\equiv 3(\bmod 4)\end{cases} \tag{6.1.14}$$

因为$AB\neq 0$，将引理6.1.3用到式(6.1.14)可得$n\equiv 2$或$3(\bmod 4)$且(A,B)满足引理6.1.5的条件(1).

情形3　$g(X)=X^2-rX+r^2$，其中$|r|\geqslant 2$.

这时可得$\alpha=\frac{r+|r|\sqrt{-3}}{2}$，$\beta=\frac{r-|r|\sqrt{-3}}{2}$以及式(6.1.15).

$$U_m(\alpha,\beta)=\begin{cases}0, & m\equiv 0(\bmod 3)\\ (-1)^{\frac{m-1}{3}}r^{m-1}, & m\equiv 1(\bmod 3)\\ (-1)^{\frac{m-2}{3}}r^{m-1}, & m\equiv 2(\bmod 3)\end{cases} \tag{6.1.15}$$

于是，根据引理6.1.3以及式(6.1.15)可得$n\equiv 2(\bmod 3)$且(A,B)满足引理6.1.5的条件(2).

情形4　$g(X)=X^2-3rX+3r^2$，其中$r\neq 0$.

这时可得$\alpha=\frac{3r+|r|\sqrt{-3}}{2}$，$\beta=\frac{3r-|r|\sqrt{-3}}{2}$以及式(6.1.16)，其中$\lambda=\frac{r}{|r|}$.

$$U_m(\alpha, \beta)=\begin{cases}0, & m\equiv 0(\bmod 6)\\ (-1)^{\frac{m-1}{2}}3^{\frac{m-1}{2}}|r|^{m-1}, & m\equiv 1(\bmod 6)\\ (-1)^{\frac{m-2}{2}}3^{\frac{m}{2}}|r|^{m-1}\lambda, & m\equiv 2(\bmod 6)\\ (-1)^{\frac{m+1}{2}}2\cdot 3^{\frac{m-1}{2}}|r|^{m-1}, & m\equiv 3(\bmod 6)\\ (-1)^{\frac{m}{2}}3^{\frac{m}{2}}|r|^{m-1}\lambda, & m\equiv 4(\bmod 6)\\ (-1)^{\frac{m+1}{2}}3^{\frac{m-1}{2}}|r|^{m-1}, & m\equiv 5(\bmod 6)\end{cases} \tag{6.1.16}$$

于是，根据引理 6.1.3 以及式(6.1.16)可得 $n\equiv 2, 3, 4$ 或 $5(\bmod 6)$ 且 (A, B) 满足引理 6.1.5 的条件(3). 综上所述，引理 6.1.5 得证.

引理 6.1.6 对于 $m>2$，如果 $c>0$ 且 $\frac{\alpha}{\beta}$ 不是一个单位根，那么可得

$$\alpha_0^{m-2}<|U_m(\alpha, \beta)|<\alpha_0^m \tag{6.1.17}$$

其中

$$\alpha_0=\frac{1}{2}(|b|+\sqrt{c}), \beta_0=\frac{1}{2}(|b|-\sqrt{c}) \tag{6.1.18}$$

证明 如果 $b=0$，那么由式(6.1.3)可知，$\alpha=\frac{\sqrt{c}}{2}$，$\beta=-\frac{\sqrt{c}}{2}$ 且 $\frac{\alpha}{\beta}=-1$ 是一个单位根. 因此有 $b\neq 0$.

比较式(6.1.3)和式(6.1.17)，可得

$$(\alpha, \beta)=\begin{cases}(\alpha_0, \beta_0), & b>0\\ (-\beta_0, -\alpha_0), & b<0\end{cases} \tag{6.1.19}$$

于是，由式(6.1.4)和式(6.1.19)可得

$$|U_m(\alpha, \beta)|=\frac{\alpha_0^m-\beta_0^m}{\alpha_0-\beta_0} \tag{6.1.20}$$

因为 $m>2$ 且 $\frac{\alpha}{\beta}$ 不是一个单位根，当 $\frac{\alpha_0^m-\beta_0^m}{\alpha_0-\beta_0}\leqslant\alpha_0^{m-1}+\alpha_0^{m-2}\beta_0$ 时，由式(6.1.20)可得式(6.1.21)这一矛盾.

$$0\geqslant\alpha_0^{m-3}\beta_0^2+\cdots+\beta_0^{m-1}=\beta_0^2\left(\frac{\alpha_0^{m-2}-\beta_0^{m-2}}{\alpha_0-\beta_0}\right)=\beta_0^2|U_{m-2}(\alpha, \beta)|>0 \tag{6.1.21}$$

这表明

$$|U_m(\alpha,\beta)|=\frac{\alpha_0^m-\beta_0^m}{\alpha_0-\beta_0}>\alpha_0^{m-2}(\alpha_0+\beta_0)=\alpha_0^{m-2}|b|\geqslant\alpha_0^{m-2} \tag{6.1.22}$$

因为 $|\alpha_0|>|\beta_0|$，当 $\frac{\alpha_0^m-\beta_0^m}{\alpha_0-\beta_0}\geqslant\alpha_0^m$ 时，可得 $2\alpha_0^m>\alpha_0^m-\beta_0^m\geqslant\alpha_0^m(\alpha_0-\beta_0)$. 这就说明有 $2>\alpha_0-\beta_0=\sqrt{c}=\sqrt{b^2-4a}>0$，以及式(6.1.23).

$$4>b^2-4a>0 \tag{6.1.23}$$

但是，由于 b^2-4a 是一个非平方数且有 $b^2-4a\equiv 0$ 或有 $1(\bmod 4)$ 成立，式(6.1.23)是不可能成立的. 所以有

$$|U_m(\alpha,\beta)|=\frac{\alpha_0^m-\beta_0^m}{\alpha_0-\beta_0}<\alpha_0^m \tag{6.1.24}$$

因此由式(6.1.22)和式(6.1.24)可得出式(6.1.15). 引理6.1.6得证.

引理6.1.7　设 ε 是一个 d 阶的复代数数，$|\varepsilon|=1$ 且 ε 不是一个单位根. 进一步设 $h(\varepsilon)$ 和 $\log\varepsilon$ 分别表示 ε 的绝对对数值和对数的主值. 令 c_1 是满足 $1.8\leqslant c_1\leqslant 3$ 的一个实数，并令

$$c_2=\mathrm{e}^{c_1},\ c_3=\frac{1}{6\pi c_2}-\frac{1}{48\pi c_2\left(1+\frac{2\pi c_2}{3c_1}\right)},\ c_4=\left(\frac{1+\sqrt{1+18c_1c_3}}{3c_1}\right)^2 \tag{6.1.25}$$

设 $\Lambda=b_1\log\varepsilon-b_2\pi\sqrt{-1}$，其中 b_1、b_2 都为正整数. 那么可得

$$\log|\Lambda|>-A\left(\frac{8\pi c_2c_4}{c_1}H^2+0.23\right)-2H-2\log H+2\log c_1-\left(\frac{d}{2}+2\right)\log 2 \tag{6.1.26}$$

其中

$$A=\frac{\pi c_2}{2}+\frac{dh(\varepsilon)}{2},\ B=\max\{527,b_1,b_2\} \tag{6.1.27}$$

$$H=\frac{d}{2}\left[\log B+\log\left(\frac{1}{\pi c_2}+\frac{1}{2A}\right)-\log\sqrt{c_4}+0.886\right]+\frac{3c_1}{2}+\frac{1}{c_4}\left(\frac{1}{6\pi c_2}+\frac{1}{3A}\right)+0.023 \tag{6.1.28}$$

证明　参阅参考文献[170]的定理A.1.3.

引理6.1.8 在引理6.1.7的假设前提下，如果 $d=2$ 且 $h(\varepsilon)>0.3464$，那么有

$$\log\Lambda > -[3.4958+h(\varepsilon)](5.7610H^2+0.2300)-2H-2\log H \tag{6.1.29}$$

其中

$$H<\log B+2.8642 \tag{6.1.30}$$

证明 根据引理6.1.7，可选择 $c_1=1.8$. 因为 $d=2$ 且 $h(\varepsilon)>0.3464$，由式(6.1.25)和式(6.1.27)可知 $A=3.4958+h(\varepsilon)>3.8422$. 于是根据式(6.1.25)、式(6.1.26)以及式(6.1.28)，即可得式(6.1.29)和式(6.1.30). 引理6.1.8得证.

引理6.1.9 如果 $m>39999$，$c<0$ 且 $\frac{\alpha}{\beta}$ 不是单位根，那么 $|\alpha^m-\beta^m|>4|a|^{\frac{m}{3}+\frac{1}{2}}$.

证明 因为 $c=b^2-4a<0$，a 是一个正整数，由式(6.1.3)可得 $|\alpha|=|\beta|=\sqrt{a}$. 如果 $a=1$，那么有 $|b|\leqslant 1$，根据引理6.1.1，$\frac{\alpha}{\beta}$ 是一个单位根. 所以有 $a\geqslant 2$.

令 $\varepsilon=\frac{\alpha}{\beta}$. 由于 ε 满足式(6.1.31)，是一个满足 $|\varepsilon|=1$ 的复代数数，其阶数为2且满足式(6.1.32).

$$a\varepsilon^2-(b^2-2a)\varepsilon+a=0 \tag{6.1.31}$$

$$h(\varepsilon)\leqslant\log\sqrt{a} \tag{6.1.32}$$

令 $s=\gcd(a,\ b^2-2a)$，那么有

$$a=sa_1,\ b^2-2a=sb_1,\quad a_1,\ b_1\in\mathbf{Z},\ \gcd(a_1,\ b_1)=1,\ a_1>1 \tag{6.1.33}$$

因为 $b\neq 0$ 且 $|b^2-2a|<2a$，当 $a_1=1$ 时，由式(6.1.33)可得 $|b^2-2a|=0$ 成立或 $|b^2-2a|=a$ 成立. 但是由于 ε 不是单位根，根据引理6.1.2，这是不可能的. 于是由式(6.1.31)和式(6.1.33)可得

$$h(\varepsilon)=\log\sqrt{a_1}\geqslant\log J_2>0.3464 \tag{6.1.34}$$

现在假设 $m>39999$ 以及式(6.1.35)成立，那么由式(6.1.35)可得式(6.1.36).

$$|\alpha^m-\beta^m|\leqslant 4a^{\frac{m}{3}+\frac{1}{2}} \tag{6.1.35}$$

$$4a^{\frac{m}{3}+\frac{1}{2}}\geqslant|\beta||\varepsilon^m-1|=a^{\frac{m}{2}}|\varepsilon^m-1| \tag{6.1.36}$$

利用最大模原理，对于任意复数 z，以及某个整数 k 可知，有 $|\mathrm{e}^z-1|\geqslant\frac{1}{2}$ 或 $|\mathrm{e}^z-1|>\frac{2}{\pi}|z-k\pi\sqrt{-1}|$．因此，由式(6.1.36)可得式(6.1.37)或式(6.1.38)成立．

$$4a^{\frac{m}{3}+\frac{1}{2}}\geqslant\frac{1}{2}a^{\frac{m}{2}} \tag{6.1.37}$$

$$4a^{\frac{m}{3}+\frac{1}{2}}>\frac{2}{\pi}a^{\frac{m}{2}}|m\log\varepsilon-k\pi\sqrt{-1}|,\ k\in\mathbf{Z},\ |k|\leqslant m \tag{6.1.38}$$

显然，由于 $m>39999$ 以及 $a\geqslant2$，式(6.1.37)是不成立的．

因此，根据式(6.1.38)，可得

$$\log2\pi>\left(\frac{m}{6}-\frac{1}{2}\right)\log a+\log|\Lambda| \tag{6.1.39}$$

其中

$$\Lambda=m\log\varepsilon-k\pi\sqrt{-1},\ k\in\mathbf{Z},\ |k|\leqslant m \tag{6.1.40}$$

根据引理6.1.9以及式(6.1.34)可知 Λ 满足式(6.1.29)，其中

$$H<\log m+2.8642 \tag{6.1.41}$$

将式(6.1.29)和式(6.1.32)代入式(6.1.39)，可得

$$\log2\pi+(3.4958+\log\sqrt{a})(5.7610H^2+0.2300)+2H+2\log H>\left(\frac{m}{6}-\frac{1}{2}\right)\log a \tag{6.1.42}$$

因此，由式(6.1.41)和式(6.1.42)可得

$$\frac{1}{2}+\frac{\log2\pi}{\log2}+\left(\frac{3.4958}{\log2}+\frac{1}{2}\right)[5.7610(\log m+2.8642)^2+0.23]+\frac{2H+2\log H}{\log2}>\frac{m}{6} \tag{6.1.43}$$

但是当 $m>39999$ 时式(6.1.43)不成立．引理6.1.9得证．

6.1.3 定理 6.1.1 的证明

下面完成定理 6.1.1 的证明．设 $n>4000$ 且 $g(X)$ 是 $f(X)$ 的一个二次不等可约因式．

先考虑 $\frac{\alpha}{\beta}$ 不是单位根的情形．根据引理 6.1.4，如果 α 或 β 是一个单位根，那么有 $|A|=|B|=1$. 表明这种情形下定理 6.1.1 成立．类似地，根据引理 6.1.5，可以推出如果 α 和 β 都不是单位根，定理 6.1.1 也是成立的．

下面考虑 $c>0$ 且 $\frac{\alpha}{\beta}$ 不是单位根的情形．根据引理 6.1.3 和引理 6.1.6 可得式(6.1.44)和式(6.1.45)，其中 α_0 由式(6.1.17)定义．

$$\alpha_0^{n-2}<|B|=|U_n(\alpha, \beta)|<\alpha_0^n \tag{6.1.44}$$

$$|a|\alpha_0^{n-3}<|A|=|aU_{n-1}(\alpha, \beta)|<|a|\alpha_0^{n-1} \tag{6.1.45}$$

如果 $|B|>|A|^{\frac{3}{2}}$，那么由式(6.1.44)和式(6.1.45)可得

$$\alpha_0^n>|a|^{\frac{3}{2}}\alpha_0^{\frac{3(n-2)}{2}}\geqslant\alpha_0^{\frac{3(n-2)}{2}} \tag{6.1.46}$$

因为 $c=b^2-4a>0$，所以当 $a>0$ 时有 $|b|\geqslant 3$. 因此由式(6.1.17)可得

$$\alpha_0=\frac{1}{2}(|b|+\sqrt{c})>\begin{cases}\frac{3}{2}, & a>0\\ 1, & a<0\end{cases} \tag{6.1.47}$$

因此，根据式(6.1.46)和式(6.1.47)可得 $n>\frac{3}{2}(n-2)$，矛盾．

如果 $|A|>|B|^{\frac{3}{2}}$，那么有

$$|a|\alpha_0^{n-1}>\alpha_0^{\frac{3(n-2)}{2}} \tag{6.1.48}$$

因为有式(6.1.49)，所以由式(6.1.17)、式(6.1.48)以及式(6.1.49)可得 $|a|>\alpha_0^{\frac{n}{2}-2}>\alpha_0^{19998}>|a|^{9999}$，矛盾．

$$\alpha_0>\begin{cases}\frac{|b|}{2}>\sqrt{a}, & a>0\\ \frac{\sqrt{-4a}}{2}=\sqrt{|a|}, & a<0\end{cases} \tag{6.1.49}$$

因此定理6.1.1在这种情形下成立.

最后考虑 $c<0$ 且 $\frac{\alpha}{\beta}$ 不是单位根时的情形. 这时有 $a>0$, $b\neq 0$, $4a>b^2$ 以及 $\sqrt{3}\leqslant|\alpha-\beta|=|\sqrt{c}|=\sqrt{4a-b^2}<2\sqrt{a}$. 由式(6.1.6)可知 $U_m(\alpha,\beta)$ 和 $V_m(\alpha,\beta)$ 是满足式(6.1.50)的整数.

$$V_m^2(\alpha,\beta)+(4a-b^2)U_m^2(\alpha,\beta)=4a^m \tag{6.1.50}$$

这表明

$$|U_m(\alpha,\beta)|\leqslant\frac{2a^{\frac{m}{2}}}{\sqrt{4a-b^2}} \tag{6.1.51}$$

因此, 根据式(6.1.51)及引理6.1.3和引理6.1.9可得

$$\frac{4a^{\frac{n}{3}+\frac{1}{2}}}{\sqrt{4a-b^2}}<|B|<\frac{2a^{\frac{n}{2}}}{\sqrt{4a-b^2}} \tag{6.1.52}$$

$$\frac{4a^{\frac{n-1}{3}+\frac{3}{2}}}{\sqrt{4a-b^2}}<|A|<\frac{2a^{\frac{n+1}{2}}}{\sqrt{4a-b^2}} \tag{6.1.53}$$

如果 $|B|>|A|^{\frac{3}{2}}$, 那么由式(6.1.52)和式(6.1.53)可得式(6.1.54), 于是就有 $\sqrt{2}a^{\frac{1}{4}}>(4a-b^2)^{\frac{1}{4}}>4a^{\frac{7}{4}}$, 矛盾.

$$\frac{2a^{\frac{n}{2}}}{\sqrt{4a-b^2}}>\frac{8a^{\frac{n}{2}+\frac{7}{4}}}{(4a-b^2)^{\frac{3}{4}}} \tag{6.1.54}$$

如果 $|A|>|B|^{\frac{3}{2}}$, 那么可得式(6.1.55), 于是就有 $\sqrt{2}a^{\frac{1}{4}}>(4c-b^2)^{\frac{1}{4}}>4a^{\frac{1}{4}}$, 矛盾.

$$\frac{2a^{\frac{n+1}{2}}}{\sqrt{4a-b^2}}>\frac{8a^{\frac{n}{2}+\frac{3}{4}}}{(4a-b^2)^{\frac{3}{4}}} \tag{6.1.55}$$

综上所述, 定理6.1.1证毕.

6.2　一个特殊的 Gauss 和以及它的上界估计

6.2.1　引言及结论

设 $q>3$ 是一个奇数, 对任意满足 $1\leqslant a\leqslant q-1$ 且 $(a,q)=1$ 的整数 a, 显然

有且仅有一个整数 $1\leqslant a\leqslant q-1$ 使得 $ab\equiv 1\bmod q$ 成立．我们把这样的 b 称为 a 的可乘逆，并记为 $\bar{a}$. 设 $N(q)$ 表示区间 $1\leqslant a\leqslant q-1$ 中所有满足 a 与 $\bar{a}$ 具有相反奇偶性的 a 的集合．当 $q=p$ 为奇素数时，Lehmer 在参考文献[47]中建议研究 $|N(q)|$ 的性质或者至少得到一些非平凡的结果，其中 $|N(q)|$ 表示 $N(q)$ 中所有元素的个数．方便起见，称这样的数为 D. H. Lehmer 数．容易推出当 $p\equiv\pm 1\bmod 4$时，$|N(q)|\equiv 2$ 或者 $0\equiv 4$. 有关 D. H. Lehmer 问题，张文鹏教授和他的学生们做了大量的工作，参阅参考文献[173]~[190].

设χ 是模 q 的任一 Dirichlet 特征．对任意整数 m 且$(m,\ q)=1$，定义一类特殊的 Gauss 和 $\tau(\chi,\ m;\ q)$如式(6.2.1)所示．

$$\tau(\chi,m;q)=\sum_{a\in N(q)}\chi(a)\mathrm{e}\left(\frac{ma}{q}\right)\tag{6.2.1}$$

式中，$\mathrm{e}(x)=\mathrm{e}^{2\pi ix}$.

本书的主要目的是研究式(6.2.1)的上界估计问题．这一问题是有趣的，因为它和经典的 Gauss 和密切相关．本书利用解析方法以及广义 Kloosterman 和的性质给出了式(6.2.1)的一个较强的上界估计，即证明了定理 6.2.1.

定理 6.2.1　设 $p>2$ 是奇素数，对任意特征 $\chi\bmod p$ 及任意整数 m 且$(m,\ p)=1$，有估计式

$$\left|\sum_{a\in N(p)}\chi(a)\mathrm{e}\left(\frac{ma}{p}\right)\right|\ll p^{\frac{1}{2}}\cdot\ln^2 p\tag{6.2.2}$$

如果$\chi=\chi_0$ 是模 p 的主特征，那么由定理 6.2.1 可以得出以下推论．

推论 6.2.1　设 $p>2$ 是一个奇素数．于是对于任意的整数 m 且$(m,\ p)=1$，有估计式

$$\left|\sum_{a\in N(p)}\mathrm{e}\left(\frac{ma}{p}\right)\right|\ll p^{\frac{1}{2}}\cdot\ln^2 p\tag{6.2.3}$$

对于一般的奇数 $q>2$，是否存在式(6.2.1)的一个类似估计是一个有趣的公开问题，有待进一步研究．

6.2.2　几个引理

本节将给出在定理 6.2.1 的证明过程中所需要的几个引理．下文将用到

Kloosterman 和以及 Gauss 和的一些性质.

引理 6.2.1　设 p 是一个奇素数，对任意特征 $\chi \bmod p$ 以及任意整数 m 及 n，有

$$K(m, n, \chi; p) = \sum_{a=1}^{p-1}\chi(a)\mathrm{e}\left(\frac{ma+n\bar{a}}{p}\right) \ll (m, n, p)^{\frac{1}{2}} \cdot p^{\frac{1}{2}} \qquad (6.2.4)$$

式中，$\bar{a}$ 表示同余方程 $x \cdot a \equiv 1 \bmod p$ 的解.(m, n, p) 表示 m，n，p 的最大公约数.

证明　参阅参考文献[191]中的定理 4.

引理 6.2.2　设 p 是一个奇素数，$1 \leqslant k < p$ 是任一给定的整数. 那么对任意特征 $\chi \bmod p$，任意整数 m、n 且 $(mn, p)=1$，有估计式

$$\left|\sum_{1\leqslant a\leqslant k}\chi(a)\mathrm{e}\left(\frac{ma+n\bar{a}}{p}\right)\right| \ll p^{\frac{1}{2}} \cdot \ln p \qquad (6.2.5)$$

证明　因为 $(mn, p)=1$，$1 \leqslant k \leqslant p-1$ 根据三角恒等式及引理 6.2.1，有

$$\sum_{1\leqslant a\leqslant k}\chi(a)\mathrm{e}\left(\frac{ma+n\bar{a}}{p}\right)=\frac{1}{p}\sum_{1\leqslant a\leqslant p-1}\chi(a)\mathrm{e}\left(\frac{ma+n\bar{a}}{p}\right)\sum_{1\leqslant b\leqslant k}\sum_{c=1}^{p}\mathrm{e}\left[\frac{c(a-b)}{p}\right]=$$

$$\frac{1}{p}\sum_{c=1}^{p-1}\left\{\sum_{1\leqslant a\leqslant p-1}\chi(a)\mathrm{e}\left[\frac{(m+c)a+n\bar{a}}{p}\right]\right\}\sum_{1\leqslant b\leqslant k}\mathrm{e}\left(\frac{-cb}{p}\right)+\frac{k}{p}\sum_{1\leqslant a\leqslant p-1}\chi(a)\mathrm{e}\left(\frac{ma+n\bar{a}}{p}\right)\ll$$

$$\frac{1}{p}\cdot p^{\frac{1}{2}}\cdot\sum_{c=1}^{p-1}\frac{1}{\left|\sin\left(\frac{\pi c}{p}\right)\right|}+\frac{k}{p}\cdot p^{\frac{1}{2}}\ll\frac{1}{p}\cdot p^{\frac{1}{2}}\cdot\sum_{c=1}^{(p-1)/2}\frac{p}{c}+\frac{k}{p}\cdot p^{\frac{1}{2}}\ll p^{\frac{1}{2}}\cdot\ln p \qquad (6.2.6)$$

引理 6.2.2 证毕.

引理 6.2.3　设 p 是一个奇素数，χ_1 是 $\bmod p$ 的任意特征，对任意整数 m、c 且 $(mc, p)=1$，以及 $1 \leqslant k \leqslant p-1$，有估计式

$$\left|\sum_{\substack{\chi \bmod p\\ \chi(-1)=-1}}\chi(c)\sum_{1\leqslant a\leqslant k}\chi\chi_1(a)\mathrm{e}\left(\frac{ma}{p}\right)\tau(\chi)L(1,\bar{\chi})\right| \ll p^{\frac{3}{2}} \cdot \ln^2 p \qquad (6.2.7)$$

式中，$\sum\limits_{\substack{\chi \bmod p\\ \chi(-1)=-1}}$ 表示对模 p 的所有奇特征 χ 求和；$L(s, \chi)$ 表示对应于 χ 的 Dirichlet L - 函数；$\tau(\chi)=\sum\limits_{a=1}^{p-1}\chi(a)\mathrm{e}\left(\frac{a}{p}\right)$ 是经典的 Gauss 和.

证明 若χ是p的非主特征，那么应用 Abel 恒等式(参阅参考文献[192]定理4.2)，有

$$L(1,\bar{\chi}) = \sum_{n=1}^{p^2} \frac{\bar{\chi}(n)}{n} + \int_{p^2}^{\infty} \frac{A(y,\bar{\chi})}{y^2}\mathrm{d}y \tag{6.2.8}$$

式中，$A(y,\bar{\chi}) = \sum_{p^2<n<y} \bar{\chi}(n)$.

根据 Polya – Vinogradov 不等式(参阅参考文献[192]定理8.21)，有估计式

$$|A(y,\bar{\chi})| \ll p^2 \cdot \ln p \tag{6.2.9}$$

注意到估计式(6.2.10)以及恒等式(6.2.11)，根据式(6.2.8)、式(6.2.9)和引理6.2.2，特征和的正交性以及一般 Kloosterman 和的定义，有式(6.2.12).

$$\sum_{\substack{\chi \bmod p \\ \chi(-1)=-1}} |\tau(\chi)| \cdot \left| \sum_{a=1}^{k} \chi\chi_1(a)\mathrm{e}\left(\frac{ma}{p}\right) \right| \ll$$

$$\left[\sum_{\chi \bmod p} \left| \sum_{a=1}^{k} \chi\chi_1(a)\mathrm{e}\left(\frac{ma}{p}\right) \right| \right]^{\frac{1}{2}} \left(\sum_{\chi \bmod p} |\tau(\chi)|^2 \right) \leqslant p^2 \tag{6.2.10}$$

$$\sum_{\substack{\chi \bmod p \\ \chi(-1)=-1}} \chi(a) = \begin{cases} \dfrac{p-1}{2}, & a \equiv 1 \quad \bmod p \\ -\dfrac{p-1}{2}, & a \equiv -1 \quad \bmod p \\ 0, & \text{其他} \end{cases} \tag{6.2.11}$$

$$\sum_{\substack{\chi \bmod p \\ \chi(-1)=-1}} \chi(c) \left[\sum_{1 \leqslant a \leqslant k} \chi\chi_1(a)\mathrm{e}\left(\frac{ma}{p}\right) \right] \tau(\chi) L(1,\bar{\chi}) =$$

$$\sum_{a=1}^{k} \sum_{b=1}^{p-1} \mathrm{e}\left(\frac{ma+b}{p}\right) \sum_{\substack{n=1 \\ (n,p)=1}}^{p^2} \frac{1}{n} \sum_{\substack{\chi \bmod p \\ \chi(-1)=-1}} \chi_1(a)\chi(abc\bar{n}) +$$

$$O\left[\sum_{\substack{\chi \bmod p \\ \chi(-1)=-1}} \left|\tau(\chi)\right| \cdot \left| \sum_{a=1}^{k} \chi\chi_1(a)\mathrm{e}\left(\frac{ma}{p}\right) \right| \cdot \int_{p^2}^{\infty} \frac{|A(y,\bar{\chi})|}{y^2}\mathrm{d}y \right] =$$

$$\frac{\phi(p)}{2} \sum_{\substack{n=1 \\ (n,p)=1}}^{p^2} \frac{1}{n} \sum_{\substack{a=1 \\ abc\equiv 1}}^{k} \sum_{b=1(\bmod p)}^{p-1} \chi_1(a)\mathrm{e}\left(\frac{ma+b}{p}\right) + O\left(p^2 \cdot \int_{p^2}^{\infty} \frac{\sqrt{p} \cdot \ln p}{y^2}\mathrm{d}y\right) -$$

$$\frac{\phi(p)}{2} \sum_{\substack{n=1 \\ (n,p)=1}}^{p^2} \frac{1}{n} \sum_{\substack{a=1 \\ abc\equiv 1}}^{k} \sum_{b=1(\bmod p)}^{p-1} \chi_1(a)\mathrm{e}\left(\frac{ma+b}{p}\right) =$$

$$\frac{\phi(p)}{2}\sum_{\substack{n=1\\(n,p)=1}}^{p^2}\frac{1}{n}\sum_{a=1}^{k}\chi_1(a)\mathrm{e}\left(\frac{ma+n\overline{ca}}{p}\right)+$$

$$O(\sqrt{p})-\frac{\phi(p)}{2}\sum_{\substack{n=1\\(n,p)=1}}^{p^2}\frac{1}{n}\sum_{a=1}^{k}\chi_1(a)\mathrm{e}\left(\frac{ma-n\overline{ca}}{p}\right)=$$

$$O\left(p^{\frac{3}{2}}\cdot\ln p\cdot\sum_{1\leqslant n\leqslant p^2}\frac{1}{n}\right)=O\left(p^{\frac{3}{2}}\cdot\ln^2 p\right)\qquad(6.2.12)$$

引理 6.2.3 证毕.

引理 6.2.4　假定χ是模 q 的奇特征，那么有恒等式

$$[1-2\chi(2)]\sum_{a=1}^{q}a\chi(a)=\chi(2)q\sum_{a=1}^{\frac{q-1}{2}}\chi(a)\qquad(6.2.13)$$

证明　参阅参考文献[193].

引理 6.2.5　设 $q>2$ 是一个奇数，χ 是模 q 的任意特征，那么有恒等式

$$\sum_{a=1}^{q}(-1)^a\chi(a)=\begin{cases}2\cdot[1-2\chi(2)], & \chi(-1)=-1\\ 0, & \chi(-1)=1\end{cases}\qquad(6.2.14)$$

证明　如果χ是模 q 的偶特征，即$\chi(-1)=1$，那么有

$$\sum_{a=1}^{q}(-1)^b\chi(b)=\sum_{b=1}^{\frac{q-1}{2}}\chi(2b)-\sum_{b=1}^{\frac{q-1}{2}}\chi(q-2b)=\sum_{b=1}^{\frac{q-1}{2}}\chi(2b)-\sum_{b=1}^{\frac{q-1}{2}}\chi(2b)=0$$

$$(6.2.15)$$

如果χ是模 q 的奇特征，即$\chi(-1)=-1$，那么有

$$\sum_{b=1}^{q-1}(-1)^b\chi(b)=2\chi(2)\sum_{b=1}^{\frac{q-1}{2}}\chi(b)\qquad(6.2.16)$$

于是根据式(6.2.15)、式(6.2.16)以及引理 6.2.4，不难推出引理 6.2.5.

6.2.3　定理 6.2.1 的证明

本节将应用基本引理来完成定理 6.2.1 的证明. 对任意特征$\chi_1 \bmod p$ 以及任意整数 m 且 $(m,p)=1$，根据引理 6.2.5，$N(p)$ 的定义以及特征的正交性，有

$$\sum_{a\in N(p)}\chi_1(a)\mathrm{e}\left(\frac{ma}{p}\right)=\frac{1}{2}\sum_{a=1}^{p-1}[1-(-1)^{a+\bar{a}}]\chi_1(a)\mathrm{e}\left(\frac{ma}{p}\right)=$$

$$\frac{1}{2}\sum_{a=1}^{p-1}\chi_1(a)\mathrm{e}\left(\frac{ma}{p}\right)-\frac{1}{2}\sum_{a=1}^{p-1}(-1)^{a+\bar{a}}\chi_1(a)\mathrm{e}\left(\frac{ma}{p}\right)=$$

$$\frac{1}{2}\bar{\chi}_1(m)\tau(\chi_1)-\frac{1}{2\varphi(p)}\sum_{\chi\bmod p}\left[\sum_{a=1}^{p-1}(-1)^a\chi\chi_1(a)\mathrm{e}\left(\frac{ma}{p}\right)\right]\left[\sum_{b=1}^{p}(-1)^b\chi(b)\right]=$$

$$-\frac{1}{p-1}\sum_{\substack{\chi\bmod p\\ \chi(-1)=-1}}\left[2\sum_{a=1}^{(p-1)/2}\chi\chi_1(2a)\mathrm{e}\left(\frac{2ma}{p}\right)-\sum_{a=1}^{p-1}\chi\chi_1(a)\mathrm{e}\left(\frac{ma}{p}\right)\right]\cdot$$

$$[1-2\chi(2)]\left[\frac{1}{p}\sum_{a=1}^{p-1}a\chi(a)\right]+\frac{1}{2}\bar{\chi}_1(m)\tau(\chi_1) \tag{6.2.17}$$

如果χ是模p的原特征且$\chi(-1)=-1$，那么根据参考文献[192]中的定理12.11和定理12.20有

$$\frac{1}{p}\sum_{b=1}^{p}b\chi(b)=\frac{i}{\pi}\tau(\chi)L(1,\bar{\chi}) \tag{6.2.18}$$

应用式(6.2.18)，引理6.2.2以及引理6.2.3中的证明方法，有

$$\sum_{\substack{\chi\bmod p\\ \chi(-1)=-1}}\left[\sum_{a\neq 1}^{\frac{p-1}{2}}\chi\chi_1(2a)\mathrm{e}\left(\frac{2ma}{p}\right)\right]\cdot[1-2\chi(2)]\left[\frac{1}{p}\sum_{a=1}^{p}a\chi(a)\right]=$$

$$\frac{i}{\pi}\sum_{\substack{\chi\bmod p\\ \chi(-1)=-1}}\left[\sum_{a=1}^{\frac{p-1}{2}}\chi\chi_1(2a)\mathrm{e}\left(\frac{2ma}{p}\right)\right]\cdot[1-2\chi(2)]\tau(\chi)\cdot L(1,\bar{\chi})\ll$$

$$p\cdot\sum_{n=1}^{p^2}\frac{1}{n}\left|\sum_{a=1}^{\frac{p-1}{2}}\chi_1(2a)\mathrm{e}\left(\frac{2ma\pm\bar{4}n\bar{a}}{p}\right)\right|\ll$$

$$p^{\frac{3}{2}}\cdot\ln p\cdot\sum_{n\leqslant p^2}\frac{1}{n}\ll p^{\frac{3}{2}}\cdot\ln^2 p \tag{6.2.19}$$

同理可得到估计式

$$\sum_{\substack{\chi\bmod p\\ \chi(-1)=-1}}\left[\sum_{a=1}^{\frac{p-1}{2}}\chi\chi_1(a)\mathrm{e}\left(\frac{ma}{p}\right)\right]\cdot[1-2\chi(2)]\left(\frac{1}{p}\sum_{a=1}^{p}a\chi(a)\right)\ll p^{\frac{3}{2}}\cdot\ln^2 p \tag{6.2.20}$$

根据 Gauss 和的性质，有

$$\left|\frac{1}{2}\overline{\chi_1}(m)\tau(\chi_1)\right|\leqslant\frac{1}{2}\sqrt{p} \tag{6.2.21}$$

结合式(6.2.17)和式(6.2.19)～式(6.2.21)，可以推出估计式

$$\left|\sum_{a\equiv N(p)}\chi_1(a)\mathrm{e}\left(\frac{ma}{p}\right)\right|\ll p^{\frac{1}{2}}\cdot\ln^2 p \tag{6.2.22}$$

于是完成了定理 6.2.1 的证明.

参考文献

[1]刘培杰．从哥德巴赫到陈景润[M]．哈尔滨：哈尔滨工业大学出版社，2008.

[2]陆洪文，田廷彦．数论开篇[M]．哈尔滨：哈尔滨工业大学出版社，2012.

[3]Taylor R，Wiles A. Ring – theoretic properties of certain Hecke algebras [J]. Annals of Math，1995，141(3)：553 – 572.

[4]Wiles A. Modular elliptic curve and Fermat last theorem[J]. Annals of Math，1995，141：443 – 551.

[5]曹珍富．丢番图方程引论[M]．哈尔滨：哈尔滨工业大学出版社，1989.

[6]潘承洞，潘承彪．解析数论基础[M]．北京：科学出版社，1991.

[7]Ai X，Chen J，Zhang S，et al. Complete solutions of the simultaneous Pell equations $x^2 - 24y^2 = 1$ and $y^2 - pz^2 = 1$[J]. J. Journal of Number Theory，2015，147：103 – 108.

[8]Akhtari S. The Diophantine equation $aX^4 - bY^2 = 1$ [J]. J. Reine Angew. Math，2009，630：33 – 57.

[9]Bennett M，Walsh G. The Diophantine equation $b^2X^4 - dY^2 = 1$[J]. Proc. Amer. Math. Soc，1999，127(12)：3481 – 3491.

[10]Chen Y G. Pell equations $x^2 - 2y^2 = 1$ and $y^2 - Dz^2 = 4$[J]. Acta Sci. Nat. Pekin，1994，30(3)：298 – 302.

[11] Chen Z Y. The indeterminate system $x^2 - 2y^2 = 1$，$y^2 - Dz^2 = 4$ [J]. J. Cent. China Norm. Univ. Nat. Sci，1998，32(2)：137 – 140.

[12]Chen Y G，Zhang B G. On the system of Diophantine equations $x^2 - 2y^2 = 1$，$y^2 - 150z^2 = 4$[J]. J. Cent. China Norm. Univ. Nat. Sci，2000，34(1)：1 – 4.

[13]Cipu M. Pairs of Pell equations having at most one common solution in positive integers [J]. Ann. Stiint. Univ. Ovidius Constanta Ser. Math，2007，15(1)：55 – 66.

[14]Cipu M. Explicit formula for the solution of simultaneous Pell equations $x^2 - (a^2 - 1)y^2 = 1$，$y^2 - bz^2 = 1$[J]. Proc. Amer. Math. Soc，2018，146(3)：983 – 992.

[15]Cohn J H E. The Diophantine equation $x^4 - Dy^2 = 1$[J]. Acta Arith. 1997，78(4)：401 – 403.

[16] Du X C, Guan X G, Yang H Z. On the system of Diophantine equations $x^2-6y^2=1$ and $y^2-Dz^2=4$[J]. J. Cent. China Norm. Univ. Nat. Sci, 2014, 48(3): 310-313.

[17] Du X C, Li Y L. On the system of Diophantine equations $x^2-6y^2=1$ and $y^2-Dz^2=4$[J]. J. Anhui Univ. Nat. Sci, 2015, 39(6): 19-22.

[18] Gu L C. On the integer solution of Pell's equations $x^2-2y^2=1$ and $y^2-Dz^2=4$[J]. J. Shaoxing Univ. Nat. Sci, 2003, 23(9): 21-24.

[19] Gu L C. Existence of solution for the system of Pell Diophantine equations[J]. J. Cent. China Norm. Univ. Nat. Sci, 2018, 52(5): 619-621.

[20] Guo J, Du X C. On the system of Pell equations $x^2-30y^2=1$ and $y^2-Dz^2=4$[J]. Math. Pract. Theory, 2015, 45(2): 309-314.

[21] Guo J, Du X C. On the system of indefinite equations $x^2-12y^2=1$ and $y^2-Dz^2=4$[J]. Math. Pract. Theory, 2015, 45(9): 289-293.

[22] Hu Y Z, Han Q. On the integer solution of the simultaneous equation $x^2-2y^2=1$ and $y^2-Dz^2=4$[J]. J. Cent. China Norm. Univ. Nat. Sci, 2002, 36(1): 17-19.

[23] Hu Y Z, Han Q. A note on the simultaneous Diophantine equations $x^2-2y^2=1$ and $y^2-Dz^2=4$[J]. J. Foshan. Univ. Nat. Sci, 2005, 23(2): 1-3.

[24] Irmak N. On solutions of the simultaneous Pell equations $x^2-(a^2-1)y^2=1$ and $y^2-pz^2=1$[J]. Period. Math. Hung, 2016, 73(1): 130-136.

[25] Keskin R, Karaath O, Siar Z, et al. On the determination of solutions of simultaneous Pell equations[J]. Period. Math. Hung, 2017, 75(2): 336-344.

[26] Le M H. A necessary and sufficient condition for the equation $x^4-Dy^2=1$ to have positive integer solutions[J]. Chin. Sci. Bull, 1984, 29(22): 1407.

[27] Le M H. On Ribenboim's concerning Pell sequences[J]. Adv. Math. Beijing, 2002, 31(6): 510-516.

[28] Ljunggren W. Ein Satz über die Diophantische Gleichung $Ax^2-By^4=C(C=1, 2, 4)$, Tolfte Skand, Skand[J]. Mat. Kongr. Lund, 1953, 12: 188-194.

[29] Luca F, Walsh P G. Square in Lehmer sequences and some Diophantine appli cations[J]. Acta Arith, 2001, 100(1): 47-62.

[30] Ma H Y, Qu Y Y, Zhang X. On the integer solution of Diophantine equations $x^2-22y^2=1$ and

$y^2 - dz^2 = 1764$[J]. J. Cent. China Norm. Univ. Nat. Sci, 2018, 52(5): 613 - 618.

[31] Mordell L J. Diophantine equations[M]. London: Academic Press, 1969.

[32] Nagell T. Introduction to number theory[M]. New York: Wiley, 1951.

[33] Qu Y Y. On simultaneous Pell equations $x^2 - (a^2 - 1)y^2 = 1$ and $y^2 - pz^2 = 1$[J]. J. Number Theory, 2018, 184: 128 - 132.

[34] Ren X Z. On the solutions of the Pell equations $x^2 - 2y^2 = 1$ and $y^2 - Dz^2 = 4$[J]. Nanjing Norm Univ. Nat. Sci, 2014, 37(3): 44 - 47.

[35] Su X Y. Integer solutions on the system of equations $x^2 - 6y^2 = 1$ and $y^2 - Dz^2 = 4$[J]. J. Zhangzhou Teach. Coll. Nat. Sci, 2000, 13(3): 35 - 38.

[36] Wan F, Du X C. On the simultaneous Diophantine equations $x^2 - 5y^2 = 1$ and $y^2 - Dz^2 = 16$[J]. J. Chongqing Norm. Univ. Nat. Sci, 2016, 33(4): 105 - 109 .

[37] Wan F, Du X C. On the Diophantine equations $x^2 - s(s+1)y^2 = 1$ and $y^2 - 2nz^2 = 4$[J]. J. Nanjing Norm. Univ. Nat. Sci, 2018, 41(1): 17 - 21.

[38] Wang G M, Li B R. The integer solutions of the Pell equations $x^2 - 6y^2 = 1$ and $y^2 - Dz^2 = 4$[J]. J. Zhangzhou. Teach. Coll. Nat. Sci, 2002, 15(4): 9 - 14.

[39] Yang H, Fu R Q. Complete solutions of the simultaneous Pell's equations $x^2 - (a^2 - 1)y^2 = 1$ and $y^2 - pz^2 = 1$[J]. Int. J. Number Theory, 2019, 15(5): 1069 - 1074.

[40] Yuan P Z, On the number of solutions of $x^2 - 4m(m+1)y^2 = y^2 - bz^2 = 1$[J]. Proc. Amer. Math. Soc. 2004, 132(6): 1561 - 1566.

[41] Yuan P Z, Li Y. Squares in Lehmer Sequences and the Diophantine equation $Ax^4 - By^2 = 2$[J]. Acta Arith, 2009, 139(3): 275 - 302.

[42] Zhao J H. On the simultaneous indefinite equations $x^2 - 5ly^2 = 1$ and $y^2 - Dy^2 = 49$[J]. Math. Pract. Theory, 2018, 48(1): 278 - 282 .

[43] Zhao J H. On the simultaneous indefinite equations $x^2 - 23y^2 = 1$ and $y^2 - Dy^2 = 25$[J]. Math. Pract. Theory, 2018, 48(3): 255 - 259 .

[44] Zhao J H, Wan F. On the system of indefinite equations $x^2 - 23y^2 = 1$ and $y^2 - Dy^2 = 25$[J]. J. Qufu Norm. Univ. Nat. Sci, 2017, 43(1): 29 - 32.

[45] Zheng Y N. The solvability of the system of Diophantine equations $x^2 - 6y^2 = 1$ and $y^2 - Dy^2 = 24$ [J]. Basic. Sci. J. Text. Univ, 2014, 27(4): 427.

[46] Walsh P G. Near Squares in linear recurrence sequences[J]. Glasnik Matemat - icki, 2003, 38(1): 11 - 18.

[47] Guy R K. Unsolved problems in number theory[M]. New York: Springer Verla, 2004.

[48] Petr K. Sur l'équation de Pell[J]. Č asopis Pest. Mat. Fys, 1927, 56(1): 57 - 66.

[49] Ljunggren W. Zur Theorie der Gleichung $x^2+1=Dy^4$[J]. Avh Norske Vidensk Akad Oslo, 1942(5): 1 - 27.

[50] Ljunggren W. Ein Sat ber die diophantische Gleiciung[J]. Skand Mat - Kongr Lund, 1954(12): 188 - 194.

[51] Luca F, Walsh P G. Squares in Lehmer sequences and some Diophantine applications[J]. Acta Arithemtica, 2001, 101(1): 47 - 62.

[52] Guy R K. Unsolved problems in number theory[M]. 3rd ed. Beijing: Science press, 2007.

[53] 华罗庚. 数论导引[M]. 北京：科学出版社，1957.

[54] Dris M, Luca F. A note on odd perfect numbers[M]. New York: Springer, 2011.

[55] Chen F J, Chen Y G. On odd perfect numbers[J]. Bull. Austral. Math. Soc, 2012, 86(3): 510 - 514.

[56] Dickson L E. History of the theory of numbers[M]. Washington: Carnegie Institution, 1919.

[57] Nielsen P P. Odd perfect numbers have at least nine distinct prime factors[J]. Mathematics of computation, 2007, 76(260): 2109 - 2126.

[58] Van der Waall R W. On the Diophantine equations $x^2+x+1=3y^2$, $x^3-1=2y^2$ and $x^3+1=2y^2$[J]. Simon Stevin, 1972, 46(1): 39 - 51.

[59] Bennett M A, Skinner C M. Ternary Diophantine equations via Galois representations and modular forms[J]. Canada. J. Math, 2004, 56(1): 23 - 54.

[60] Ljuggren W. Noen setninger om ubestemte likninge avformen[J]. Norsk. Mat. Tidsskr, 1943, 25(1): 17 - 20.

[61] Whitford E E. The Pell equations[M]. New York: Blaisdell, 1912.

[62] Barbeau E J. Pell's equation[M]. New York: Springer, 2003.

[63] 吴莉，王学平，杨仕椿. 关于 Pell 方程 $x^2-Dy^2=\pm 2$ 的解的递推性质[J]. 四川师范大学学报：自然科学版，2013，36(2)：190 - 192.

[64] 曹珍富. 丢番图方程引论[M]. 哈尔滨：哈尔滨工业大学出版社，2012.

[65]曹珍富．不定方程及其应用[M]．上海：上海交通大学出版社，2000.

[66]常茸茸，鲁志娟．关于丢番图方程 $x^p-1=Dy^2$[J]．纯粹数学与应用数学，2008，24(1)：140－143.

[67]Nagell T. Sur l'impossibilité de quelques équations à deux indéterminées[J]. Norsk. Mat. Fetchings Skr.，1923，13(1)：65－82.

[68]Ljunggren W. Noen setninger om ubestemte likninger av formen $\frac{x^n-1}{x-1}=y^q$[J]. Norsk. Mat. Tidsskr，1943，25(1)：17－20.

[69]Apéry R. Sur une équation diophantienne[J]. C. R. Acad. Sci. Paris，Ser. A，1960，251(15)：1451－1452.

[70]Bugeaud Y，Shorey T N. On the number of solutions of the generalized Ramanujan－Nagell equation[J]. J. Reine Angew. Math，2001，2001(539)：55－74.

[71]Hua L K. Introduction to number theory[M]. Berlin：Springer Verlag，1982.

[72]Le M H. Applications of the Gel'fond－baker method to Diophantine equations[M]. Beijing：Science Press，1998.

[73]Le M H，Soydan G. A brief survey on the generalized Lebesque－Ramanujan－Nagell equation[J]. Surv. Math. Appl.，2020，12：473－523.

[74]Pólya G. Zur arithmetischen Untersuchung der Polynome[J]. Math. Z，1918，1(2)：143－148.

[75]Schinzel A. On two theorems of Gel'fond and some of their applications[J]. Acta. Arith. 1967，13(2)：177－236.

[76]Xu T J，Le M H. On the Diophantine equation $D_1x^2+D_2=k^n$[J]. Publ. Math. Debrecen，1995，47(1－2)：293－297.

[77]乐茂华，胡永忠．广义 Lebesgue－Ramanujan－Nagell 方程研究的新进展[J]．数学进展，2012，41(4)：385－396.

[78]TERAI N. A note on the Diophantine equation $x^2+q^m=c^n$[J]. Bull Austral Math Soc，2014，90(3)：20－27.

[79]DENG M J. A note on the Diophantine equation $x^2+q^m=c^{2n}$[J]. Proc Japan Acad Ser A，2015，91(2)：15－18.

[80]TERAI N. The Diophantine equation $x^2+q^m=p^n$[J]. Acta Arith，1993，63(4)：351－358.

[81] ELLEN BERG J S. Galois representations attached to Q – curves and the generalized Fermat equation $A^4 + B^2 = C^p$ [J]. Amer J Math, 2004, 126(4): 763 – 787.

[82] BENNETT M A, ELLERNERG J S, NG N C. The Diophantine equation $A^4 + 2^\delta B^2 = C^n$ [J]. Int Number Theory, 2010, 6(2): 311 – 338.

[83] Shorey T N, Tijdeman R. Exponential Diophantine equations [M]. Cambridge: Cambridge University Press, 1986.

[84] Nagell T. Sur une classe d'équation exponentielles [J]. Ark. Mat, 1958, 3(4): 569 – 582.

[85] Hadano T. On the Diophantine equation $a^x + b^y = c^z$ [J]. Math. J. Okayama Univ, 1976, 19(1): 25 – 29.

[86] 孙琦，周小明．关于丢番图方程 $a^x + b^y = c^z$ [J]．四川大学学报，1984，21(4)：36 – 38.

[87] 杨晓卓．关于丢番图方程 $a^x + b^y = c^z$ [J]．四川大学学报，1985，22(4)：151 – 158.

[88] 曹珍富．关于 Diophantus 方程 $a^x + b^y = c^z$ (I) [J]．科学通报，1986，31(22)：1688 – 1690.

[89] 管训贵．关于丢番图方程 $2^x + p^y = q^z$ [J]．湘南学院学报，2012，33(5)：21 – 23.

[90] Cohn J H E. The Diophantine equation $x^2 + 2^k = y^n$ [J]. Arch. Math, 1992, 59(4): 341 – 344.

[91] Le M H. On Cohn's conjecture concerning the Diophantine equation $x^2 + 2^m = y^n$ [J]. Arch. Math, 2002, 78(1): 26 – 35.

[92] Mihăilescu P. Primary cyclotomic units and a proof of Catalan's conjecture [J]. Reine Angew. Math, 2004, 572: 167 – 195.

[93] Bugeaud Y, Shorey T N. On the number of the generelized Ramanujan – Nagell equation [J]. J. Reine Angew. Math, 2001, 539: 55 – 74.

[94] Hu Y Z, Le M H. An upper bound for the number of solutions of ternary purely exponential diophantine equations [J]. J. Number Theory, 2018, 183: 62 – 73.

[95] Jeśmanowicz L. Several remarks on Pythagorean numbers [J]. Wiadom. Math. 1955/1956, 1(2): 196 – 202.

[96] Laurent M, Mignotte M, Nesterenko Y. Formes linéaires en deux logarithmes et déterminants d'interpolation [J]. J. Number Theory, 1995, 55(2): 285 – 321.

[97] Le M H. A conjecture concerning the pure exponential Diophantine equation $a^x + b^y = c^z$ [J]. Acta Math. Sin. Engl. Ser, 2005, 20(4): 943 – 948.

[98] Le M H, Scott R, Styer R. A survey on the ternary purely exponential Diophantine equation $a^x +$

$b^y = c^z$[J]. Surveys in Mathematics and its Applications, 2019, 14(2019): 109 – 140.

[99] Le M, Soydan G. An application of Baker's method to the Jeśmanowicz conjecture on primitive Pythagorean triples[J]. Periodica Mathematica Hungarica, 2020, 80(1): 74 – 80.

[100] Lu W D. On the Pythagorean numbers $4n^2 - 1$, $4n$ and $4n^2 + 1$ [J]. J. Sichuan University. Natural Science Edition. Sci, 1959, 5(2): 39 – 42.

[101] Bugeaud Y. Linear Forms in two m – adic logarithms and applications to Diophantine problems [J]. Compositio Mathematica, 2002, 132(2): 137 – 158.

[102] Cao F Z. A note on the Diophantine equation $a^x + b^y = c^z$[J]. Acta Arithmetica, 1999, 91(1): 85 – 93.

[103] Gel'fond A O. Sur la divisibilité de la différence des puissances de deux nombres entiersparune puissance d'un idéal premier[J]. Matematicheskii Sbornik, 1940, 7(1): 7 – 25.

[104] He B, Togbé A. The exponential Diophantine equation $n^x + (n+1)^y = (n+2)^z$ revised[J]. Glasgow Mathematical Journal, 2009, 51(3): 659 – 667.

[105] Ivorra W. Sur les équation $x^p + 2^\beta y^p = z^2$ et $x^p + 2^\beta y^p = z^2$ [J]. Acta Arithmetica, 2003, 108 (4): 327 – 338.

[106] Laurent M. Linear forms in two logarithms and interpolation determinants[J]. Acta Arithmetica, 2008, 133(4): 325 – 348.

[107] Le M H. A conjecture concerning the pure exponential Diophantine equation $a^x + b^y = c^z$ [J]. Acta Mathematica Sinica, 2005, 21(4): 943 – 948.

[108] Le M H. Some exponential Diophantine equation I: The equation $D_1x^2 - D_2y^2 = \lambda k^z$[J]. Journal of Number Theory, 1995, 55(2): 209 – 221.

[109] Le M H. On the exponential Diophantine equation $(n+1)^x + (n+2)^y = n^z$[J]. Journal Yulin Teachers College, 2007, 28(3): 1 – 2.

[110] Le M H. On the exponential Diophantine equation $n^x + (n+2)^y = (n+1)^z$[J]. Journal of Zhoukou Normal University, 2007, 24(2): 1 – 3.

[111] Le M H. On the Diophantine equation $n^x + (n+1) = (n+2)^z$[J]. Journal of Qujing Normal Univer sity, 2009, 28(6): 1 – 3.

[112] Leszczyński B. The equation $n^x + (n+1) = (n+2)^z$[J]. Wiadomości Matematyczne, 1959, 3 (2): 37 – 39.

[113] Liang M, Le M H. On the Diophantine equation $(n+1)+(n+2)^y=n^z$[J]. Pure and Applied Mathematics, 2008, 24(4): 736-741.

[114] Mahler K. Zur Approximation algebraischer Zahlen I: Über den grössten Primteiler binären Formen[J]. Mathematische Annalen, 1933, 107: 691-730.

[115] Makowski A. On the equation $n^x+(n+1)^y=(n+2)^z$[J]. Wiadomości Matematyczne, 1967, 9(2): 221-224.

[116] Sierpiński W. On the equation $3^x+4^y=5^z$[J]. Wiadomości Matematyczne, 1956, 1(2): 194-195.

[117] Siksek S. On the Diophantine equation $x^2=y^p+2^kz^p$[J]. Journal de Théorie des Nombres de Bordeaux, 2003, 15(1): 839-846.

[118] Terai N. The Diophantine equation $a^x+b^y=c^z$[J]. Proceedings of the Japan Academy, Series A: Mathematical Sciences, 1994, 70(2): 22-26.

[119] Bilu Y, Hanrot G, Voutier M P. Existence of primitive divisors of Lucas and Lehmer numbers [J]. Journal für die Reine und Angewandte Mathematik(Crelles Journal), 2001, 2001(539): 75-122.

[120] Cohn J H E. On square Fibonacci numbers[J]. Journal of the London Mathematical Society, 1964, 39(4): 537-540.

[121] Le M H. Some exponential Diophantine equations I: the equation $D_1x^2-D_2y^2=\lambda k^z$[J]. Journal of Number Theory, 1995, 55(2): 209-221.

[122] Le M H, Togbé A, Zhu H L. On a pure ternary exponential Diophantine equation[J]. Publicationes Mathematicae Debrecen, 2014, 85(3-4): 395-411.

[123] Luca F. On the system of Diophantine equations $a^2+b^2=(m^2+1)^r$ and $a^x+b^y=(m^2+1)^z$ [J]. Acta Arithmetica, 2012, 153(4): 373-392.

[124] Miyazaki T. Generalizations of classical results on Jeśmanowicz' conjecture concerning Pythagorean triples[J]. Journal of Number Theory, 2013, 133(2): 583-595.

[125] Miyazaki T. A note on the article by F. Luca "On the system of diophantine equations $a^2+b^2=(m^2+1)^r$ and $a^x+b^y=(m^2+1)^z$"[J]. Acta Arithmetica, 2014, 164(1): 31-42.

[126] Miyazaki T, Terai N. On the exponential Diophantine equation $(m^2+1)^x+(cm^2-1)^y=(am)^z$[J]. Bulletin of the Australian Mathematical Society, 2014, 90(1): 9-19.

[127] Miyazaki T, Togbé A. The Diophantine equation $(2am-1)^x+(2m)^y=(2am+1)^z$[J]. International Journal of Number Theory, 2012, 8(8): 2035-2044.

[128] Miyazaki T, Yuan P, Wu D. Generalizations of classical results on Jeśmanowicz' conjecture concerning Pythagorean triples Ⅱ[J]. Journal of Number Theory, 2014, 141, 184-201.

[129] Terai N. On the exponential Diophantine equation $(4m^2+1)^x+(5m^2-1)^y=(3m)^z$[J]. International Journal of Algebra, 2012, 6(21-24): 1135-1146.

[130] Terai N. On Jeśmanowicz' conjecture concerning Pythagorean triples[J]. Journal of Number Theory, 2014, 141(2): 316-323.

[131] Yang H, Fu R Q. A note on Jeśmanowicz' conjecture concerning primitive Pythagorean triples[J]. Journal of Number Theory, 2015, 156(1): 183-194.

[132] Voutier P M. Primitive divisors of Lucas and Lehmer sequences[J]. Mathematics of Computation, 1995, 64: 869-888.

[133] Wang J P, Wang T T, Zhang W P. A note on the exponential Diophantine equation Ⅰ: $(4m^2+1)^x+(5m^2-1)^y=(3m)^z$[J]. Colloquium Mathematicum, 2015, 139(1): 121-126.

[134] Sroysang B. On the Diophantine equation $3^x+5^y=z^2$[J]. International Journal of Pure and Applied Mathematics, 2012, 81(4): 605-608.

[135] Sroysang B. More on the Diophantine equation $3^x+85^y=z^2$[J]. International Journal of Pure and Applied Mathematics, 2014, 91(1): 131-134.

[136] Sroysang B. On the Diophantine equation $5^x+43^y=z^2$[J]. International Journal of Pure and Applied Mathematics, 2014, 91(4): 537-540.

[137] Sroysang B. On the Diophantine equation $5^x+63^y=z^2$[J]. International Journal of Pure and Applied Mathematics, 2014, 91(4): 541-544.

[138] Birkhoff G D, Vandiver H S. On the integral divisors of a^n-b^n[J]. Annals of Mathematics(Second Series), 1904, 5(2): 173-180.

[139] Bennett M A, Skinner C M. Ternary Diophantine equations via galois representations and modular forms[J]. Canadian Journal of Mathematics, 2004, 56(1): 23-54.

[140] Silverman J H. The arithmetic of elliptic curves[M]. New York: Springer Verlag, 1999.

[141] Baker A. The Diophantine equation $y^2=ax^3+bx^2+cx+d$[J]. Journal of the London Mathematical Society, 1968, 43(1): 1-9.

[142] Stroeker R J, Tzanakis N. On the elliptic logarithm method for elliptic Diophantine applications: Reflections and an improvement[J]. Exper. Math, 1999, 8: 135 - 149.

[143] Stroeker J R, Tzanakis N. Computing all integer solutions of a genus 1 equation[J]. Mathematics of Computation, 2003, 72: 1917 - 1933.

[144] Zagier D. Large integral points in elliptic curves[J]. Mathematics of Computation, 1987, 48: 425 - 436.

[145] Zhu H L, Chen J H. Integral points on $y^2 = x^3 + 27x - 62$[J]. Journal of Mathematical Study, 2009, 42(2): 117 - 125.

[146] He Y F, Zhang W P. An elliptic curve having large integral points[J]. Czech Mathematical Journal, 2010, 60(4): 1101 - 1107.

[147] Karaati O, Keskin R. Integral points on elliptic curve[J]. Journal of Equations and Applications, 2013, 221: 1 - 6.

[148] Mordell L J. Diophantine equations[M]. Pure and Applied Mathematics 30. London: Academic Press, 1969.

[149] Walsh P G. A Note on a Theorem of Ljunggren and the Diophantine equation $x^2 - kxy^2 + y^4 = 1$[J]. Archiv der Mathematik, 1999, 73(2): 119 - 125.

[150] Togbé A, Voutier P M, Walsh P G. Solving a family of thue equations with an application to the equation $x^2 - Dy^4 = 1$[J]. Acta Arithmetica, 2005, 120(1): 39 - 58.

[151] Walker D T. On the Diophantine equation $mX^2 - nY^2 = \pm 1$[J]. American Mathematical Monthly, 1967, 74(6): 504 - 513.

[152] 祝辉林，陈建华. 两个丢番图方程 $y^2 = nx(x^2 + 1)$[J]. 数学学报，2007，50(5)：1071 - 1074.

[153] 乐茂华. 椭圆曲线 $y^2 = px(x^2 + 1)$的正整数点[J]. 湛江师范学院学报，2008，29(3)：1 - 2.

[154] 管训贵. 关于椭圆曲线 $y^2 = px(x^2 + 1)$的一个注记[J]. 四川理工学院学报，2010，23(4)：384 - 385.

[155] 柯召，孙琦. 谈谈不定方程[M]. 上海：上海教育出版社，1980.

[156] Cohn J H E. The Diophantine equation $x^4 + 1 = Dy^2$[J]. Mathematics of Computation, 1997, 66(3): 1347 - 1351.

[157] Ljunggren W. Einige Sätze über unbestimmte Gleichungen von der Form $Ax^4 + Bx^2 + C = Dy^2$ [J]. Skrifter Utgitt av Det Norske Videnskaps – Akademi i Oslo, 1942, I(9): 1 – 20.

[158] Bremner A. On reducibility of trinomials [J]. Glasgow Mathematical Journal, 1981, 22: 155 – 156.

[159] Bremner A, Ulas M. On the reducibility type of trinomials [J]. Acta Arithmetica, 2012, 153: 349 – 372.

[160] Filaseta M, Luca F, Stanica P, Underwood R G. Two Diophantine approaches to the irreducibility of certain trinomials [J]. Acta Arithmetica, 2007, 128: 149 – 156.

[161] Schinzel A. On reducible trinomials [J]. Dissertationes Mathematicae, 1993, 329: 1 – 83.

[162] Schinzel A. On reducible trinomials Ⅱ [J]. Publicationes Mathematicae, 2000, 56: 575 – 608.

[163] Rabinowitz S. The factorizations of $x^5 \pm x + n$ [J]. Mathematics Magazine, 1968, 61: 191 – 193.

[164] 陈宏基. 关于三项式 $x^n - x - a$ 的二次因式[J]. 数学杂志, 2002, 22(3): 319 – 322.

[165] 乐茂华. 三项式 $x^n - x - a$ 的二次不可约因式[J]. 数学杂志, 2004, 24(6): 635 – 637.

[166] 林木元. 三项式 $x^n + x - a$ 的二次不可约因式[J]. 应用数学, 2006, 19(3): 656 – 658.

[167] Yang S C. On the integral coefficient quadratic factorization of $x^n - bx + a$ [J]. Mathematics Biquarterly, 2004, 21: 178 – 183.

[168] 刘志伟. 三项式 $x^n - bx + a$ 的二次不可约因式[J]. 数学杂志, 2007, 27(6): 684 – 686.

[169] Ribenboim P. On the factorization of $X^n - BX - A$ [J]. L'Enseignement Mathématique, 1991, 37: 191 – 200.

[170] Bilu Y, Hanrot G, Voutier P M. Existence of primitive divisors of lucas and lehmer sequences [J]. Journal für die Reine und Angewandte Mathematik, 2001, 539: 75 – 122.

[171] Herendi T, Peth A. Trinomials which are divisible by quadratic polynomial [J]. Acta Academiae Paedagogicae Agriensis, Sectio Mathematica (New Series), 1994, 22: 61 – 73.

[172] Ribenboim P. The fibonacci numbers and the Arctic Ocean [J]. Symposia Gaussiana. Berlin: Walter de Gruyter, 1995: 41 – 83.

[173] 张文鹏. 关于 D. H. Lehmer 问题[J]. 科学通报, 1992, 15: 1351 – 1354.

[174] 张文鹏. On the D. H. Lehmer problem and its generalization [J]. 数学进展, 1992, 21(2): 247 – 248.

[175] 郑志勇. 关于一般的 D. H. Lehmer 问题[J]. 科学通报, 1993, 12: 1060 – 1065.

[176]Zhang W P. On a problem of D. H. Lehmer and its generalization[J]. Compositio Mathematica, 1993, 86(3): 307 - 316.

[177]张文鹏. 关于 D. H. Lehmer 问题及其推广[J]. 西北大学学报, 1993, 2: 103 - 107.

[178]Zhang W P. A problem of Lehmer D H and its generalization(Ⅱ)[J]. Compositio Mathematica, 1994, 91: 47 - 56.

[179]Zhang W P. On the difference between a Lehmer D H number and its inverse modulo q[J]. Acta Arithmetica, 1994, 68(3): 255 - 263.

[180]Zhang W P. A problem of Lehmer D H and its mean square value formula[J]. Japanese Journal of Mathematics, 2003, 29(1): 109 - 116.

[181]Zhang W P, Xu Z B, Yi Y. A problem of Lehmer D H number and Its mean square value formula[J]. Journal of Number Theory, 2003, 103: 197 - 213.

[182]Zhang W P. On a problem of Lehmer D H and kloosterman sums[J]. Monatshefte für Mathematik, 2003, 139: 247 - 257.

[183]Yi Y, Zhang W P. On the generalization of Lehmer D H problem[J]. 工程数学学报, 2003, 20(1): 60 - 64.

[184]Zhang W P. On a problem of Lehmer D H and kloosterman sums[J]. Acta Arithmetica, 2004, 20(3): 515 - 524.

[185]Liu H N, Zhang W P. On a problem of Lehmer D H[J]. Acta Mathematica Sinica, 2006, 22(1): 61 - 68.

[186]刘华宁, 张文鹏. Lehmer 问题的两个推广[J]. 数学学报, 2006, 49(5): 999 - 1008.

[187]Xu Z F, Zhang W P. On a problem of Lehmer D H over short intervals[J]. Journal of Mathematical Analysis and Applications, 2006, 320: 756 - 770.

[188]Liu H N, Zhang W P. Hybrid mean value results for a generalization on a problem of Lehmer D H and Hyper - Kloosterman Sums[J]. Osaka Journal of Mathematics, 2007, 44(3): 615 - 637.

[189]Xi P, Yi Y. On character sums over flat numbers[J]. Journal of Number Theory, 2010, 130(5): 1234 - 1240.

[190]Zhang W P. A mean value related to Lehmer D H's problem and ramanujan's sum[J]. Glasgow Mathematical Journal, 2012, 54(1): 155 - 162.

[191] Conrad K. On weil's proof of the bound for kloosterman sums[J]. Journal of Number Theory, 2002, 130(2): 439 – 446.

[192] Apostol T M. Introduction to analytic number theory[M]. New York: Springer – Verlag, 1976.

[193] Funakura T. On kronecker's limit formula for dirichlet series with periodic coefficients[J]. Acta Arithmetica, 1990, 55(1): 59 – 73.